Innovative Pastry

时尚创意菜点系列丛书

时尚创意面点

主　编　端尧生
副 主 编　陆理民　陈媛媛　陈永芳

南京旅游职业学院
菜点开发与创新科研团队

东南大学出版社

图书在版编目(CIP)数据

时尚创意面点 / 端尧生主编 . —南京：东南大学
出版社，2017.12
　ISBN 978-7-5641-7526-9

　Ⅰ . ①时… Ⅱ . ①端… Ⅲ . ①面食-制作
Ⅳ . ①TS972. 13

中国版本图书馆 CIP 数据核字（2017）第 296208 号

时尚创意面点

主　　编：端尧生
出版发行：东南大学出版社
社　　址：南京市四牌楼 2 号　　邮编：210096
出 版 人：江建中
网　　址：http://www. seupress. com
电子邮箱：press@seupress. com
经　　销：全国各地新华书店
印　　刷：江苏凤凰新华印务有限公司
开　　本：787mm×1092mm　1/16
印　　张：13.25
字　　数：310 千字
版　　次：2017 年 12 月第 1 版
印　　次：2017 年 12 月第 1 次印刷
书　　号：ISBN 978-7-5641-7526-9
定　　价：58.00 元

本社图书若有印装质量问题，请直接与营销部联系。电话（传真）：025-83791830

Innovative Pastry

前言

《时尚创意菜点系列丛书》（以下简称《丛书》）由《时尚创意冷菜》《时尚创意面点》和《时尚创意热菜》共三册组成，现已付梓出版了。《丛书》是由南京旅游职业学院烹饪与营养学院"菜点开发与创新"科研团队全体成员用近两年的时间编著而成，本《丛书》根据目前餐饮企业菜点流行的趋势及现代烹调技术的发展，充分运用当今烹饪的新食材、新工艺、新技术、新盛器、新观念，制成当今比较时尚的富有创意的养生菜点，这些菜点在吸取传统菜点制作方法的基础上，博采众长，融古今中外于一炉。菜点品种新颖，富有时代气息，达到色、香、味、形、器、养、情等几方面的完美结合，文化内涵深刻。菜点装饰与造型典雅，每一菜点图文并茂，较复杂的部分菜点还设有分解示意图，易学易懂，给人耳目一新的感觉，是一本引领餐饮市场潮流和促进教学改革的范本。《丛书》在创新与编著中始终突出如下特点：

一、注重实用性。《丛书》对每一菜点的制作力求做到食用与美观、雅致与通俗、效率与品质的有机结合，反对华而不实、好看不好吃的"花架子"菜，符合当今时代的需求。

二、注重创新性。《丛书》中每一菜点在传统菜品的基础上吸收了古代与现代、中国料理与外国料理、地方名肴与风味小吃等的优点，注重在原料的运用、烹饪的工艺革新、烹调技法的变换、菜点装饰与造型等方面的创新，做到菜点结合、中西结合、冷菜与热菜的结合，使每一款菜点都有创新的亮点及风味特色。

三、注重时尚性。随着时代的变革及社会的进步，人们对饮食的观念发生了很大的变化，为了满足人们求新、求变、求异的心理，《丛书》中每一菜点都注重吸收中外创新的各种元素，为我所用，提倡菜点广泛运用新原料、新风味、新式样、新盘饰等，使菜点更加新颖、时尚，增进食欲。

四、注重营养性。《丛书》中每一菜点的设计均依据现代营养卫生的要求，注重原料的搭配及营养，强调食品卫生，以突出菜点对人体养生滋补的功效。

五、注重应用性。《丛书》力求较明确地表达每一款菜品所用原料的品种、数量、工艺流程、成品标准、制作关键、创新亮点、营养价值与食用功效等方面的内容，这种编著方法既能满足烹饪院校师生教学的需求，又能满足餐饮企业从业人员经营的需求，还能帮助饮食爱好者完成学做菜品的夙愿，同时具有学术研究及生产经营、欣赏与收藏的双重价值。

本《丛书》在编写过程中，得到南京旅游职业学院各级领导的大力支持和帮助；在菜点制作过程中，得到南京苏艺瓷酒店用品有限公司总经理苏飞、南京奔瓷酒店用品有限公司总经理刘增裕在盛器上的支持和帮助；《丛书》的菜点照片，均由南京米田摄影工作室潘庆生拍摄；本书在出版过程中得到东南大学出版社张丽萍老师的指点和帮助。对以上为本书做出贡献的同志谨致衷心的感谢。

由于时间仓促，书中难免有缺点和错误，敬请广大读者指正。

编委会

时尚创意面点
Innovative Pastry
目录

Innovative
Pastry

果蔬原料点心篇

翡翠鱼汤面

在面团中加入蔬菜汁，增加了面条的色泽和营养，诱人食欲。

一、原料

1. **皮坯原料**：高筋面粉 500 克，荠菜汁 200 克，碱水 10 克。
2. **制汤原料**：鲫鱼 500 克。
3. **调味原料**：熟猪油 100 克，盐 20 克，味精 5 克，胡椒粉 2 克，葱、姜各 20 克。

二、工艺流程

1. 500 克面粉与 200 克荠菜汁、10 克碱水混合搓成雪花状，调制成硬面团。
2. 面团醒 15 分钟后，擀成长 25 厘米的长方形薄片。用擀面杖将面片卷起折叠，用快刀切成长 25 厘米、宽 2 毫米的面条。
3. 炒锅上火烧热后用熟猪油滑锅，锅中留少量底油，放入葱、姜煸香，下鲫鱼两面煎黄，放入开水用大火烧至汤呈乳白色，加盐、味精、胡椒粉调味。
4. 水锅烧开，放入面条煮至面条浮起，捞出装入盛有鱼汤的碗中，撒上葱花。

三、成品标准

面条粗细均匀，汤浓味鲜。

四、制作关键

1. 面团要稍硬，即每 500 克面粉加水 200 克。
2. 鱼要用葱姜煎透、煎香以助于去腥味。
3. 烧鱼汤的水要用开水，这样烧出的鱼汤腥味小。
4. 熬制鱼汤应用大火，这样汤易白且浓。

五、创新亮点

皮坯创新：在面团中加入蔬菜汁，增加了面条的色泽和营养，诱人食欲。

六、营养价值与食用功效

鲫鱼的营养素全面，含糖分多，含脂肪少，含有丰富的蛋白质、多种维生素、微量元素及人体所必需的氨基酸。常吃鲫鱼不仅能健身，还能减少脂肪，有助于降血压和降血脂，使人延年益寿。产妇食用鲫鱼，不仅可以增加营养，还能有效催乳。鲫鱼肉还能防治动脉硬化、高血压和冠心病，并有降低胆固醇的作用，中老年人和肥胖人群食用也特别适宜。

七、温馨小贴士

口碱在面条制作中的作用：增加面条的滑度，使面条爽口；增加面团的筋力，使面条有筋力；中和面条摆放中产生的酸味，增香，有利于面条存放。碱对面团中的维生素有一定的破坏作用，建议少放或不放。

红豆山药糕

红豆、山药在种植过程中，一般不需施肥、治虫，其在自然生态环境中生长，是绿色食品原料。选用杂粮、豆类原料配伍制作点心，更具营养。

一、原料

1. **皮坯原料**：铁棍山药 500 克。
2. **馅心原料**：红豆 500 克，橄榄油适量，白糖或冰糖 150 克，水 40 克。

二、工艺流程

1. 山药洗净，带皮蒸熟、蒸烂，稍冷却后去皮碾成泥。
2. 红豆泡透洗净，用小火煮 60 分钟至酥烂，放入搅拌机加入少许橄榄油（会更软）、40 克水（可以用奶油代替）、150 克白糖，将其粉碎成馅。
3. 山药反复擦细，擦出黏性，下剂捏成碗状，包入豆蓉馅，装入模具中压实，脱模成型即成。

三、成品标准

大小均匀、形状一致，软糯可口。

四、制作关键

1. 山药洗净，带皮蒸透、蒸烂，若去皮后再蒸，山药会氧化变色，影响成品的色泽。
2. 红豆要用冷水泡透，煮制时冷水下锅，大火烧开，小火煮焖，容易使豆子酥烂，制馅时口感更细腻。
3. 粉碎豆子的过程中，适量加点油脂能增加馅心软滑的口感。

五、创新亮点

1. 皮坯创新：点心一般使用各种粮食的粉料作为皮坯的材料，而红豆山药糕直接选用新鲜山药代替普通粮食作为皮坯原料，改善了皮坯的性质。点心在吃口上更令人感觉到细腻。
2. 营养创新：红豆、山药在种植过程中，一般不需施肥、治虫，其在自然生态环境中生长，是绿色食品原料。选用杂粮、豆类原料配伍制作点心，更具营养。

六、营养价值与食用功效

红豆可益气补血，利水消肿；山药具有滋养强壮、助消化、敛虚汗、止泻之功效。山药中含有大量的蛋白质、各种维生素和有益的微量元素、糖类，此外还含有较多的药用保健成分，如粘多糖、山药素、胆碱、盐酸多巴胺等，是营养价值较高的药食同源食品，有健脾、补肺、固肾、益精等功效。近年来的研究结果表明，山药粘多糖具有一定的药理活性，它可刺激或调节免疫系统，可作为增强人体免疫能力的保健食品。

七、温馨小贴士

山药具有降低血糖的作用，可用于治疗糖尿病，是糖尿病人的食疗佳品。

彩虹馄饨

选用多种蔬菜汁调制面坯，丰富点心产品的色泽。

一、原料

1. **皮坯原料**：高筋面粉 500 克，紫苋菜 100 克，菠菜 100 克，胡萝卜 1 根。
2. **馅心原料**：荠菜 500 克，猪肉 250 克。
3. **调味原料**：盐 15 克，料酒 20 克，味精 5 克，麻油 15 克，胡椒粉 2 克，白糖 10 克，葱、姜适量。

二、工艺流程

1. 菠菜用开水烫后晾凉，和胡萝卜、紫苋菜分别用料理机（加适量清水）搅拌出汁水和面，另用清水和制一份面团。
2. 将各色面团擀成大小相当的片状，一层层叠加在一起，叠加位置可刷少许水，这样粘得比较紧。4 张不同颜色的面片叠加在一起，沿着叠加的最上层切成 0.5~1 厘米的长条状，然后用擀面杖将其擀成薄皮，4 种颜色会展开。
3. 荠菜洗净焯水，晾凉后挤干切碎调味，与调味后的猪肉馅拌匀成荠菜鲜肉馅。
4. 取面皮包入荠菜鲜肉馅，捏成大馄饨形状生坯。
5. 入开水锅煮熟即可。

三、成品标准

色泽艳丽，面皮爽滑有劲道，馅心清香。

四、制作关键

1. 所使用蔬菜的颜色尽量不要太深。
2. 叠面时一定要压紧，否则颜色层次不分明。
3. 煮制过程中注意点水。
4. 菠菜、荠菜需要略烫以去除草酸。
5. 调制肉馅时要先加盐搅上劲，再分别加其他调味品。为了增加馅心的卤汁，调馅时要加一定量的水。水要分多次加，每加一次皆需搅上劲。

五、创新亮点

1. 选用多种蔬菜汁调制面坯，丰富点心产品的色泽。
2. 各种蔬菜中的营养成分不同，起到营养互补的作用。
3. 增强点心产品的视觉效果，提高食欲，给人耳目一新的感觉。

六、营养价值与食用功效

此道点心选用荠菜鲜肉作馅，注重荤素搭配。荠菜药用价值较高，具有明目、清凉、解热、利尿等功效。苋菜的维生素 C 含量较高，富含钙、磷、铁等营养物质，进入人体后很容易被吸收利用，还能促进儿童牙齿和骨骼的生长发育。菠菜和胡萝卜中含有丰富的维生素 A、维生素 C、矿物质及膳食纤维等营养成分，对于胃肠障碍、便秘、痛风、皮肤病等确有特殊食疗效果。

七、温馨小贴士

胡萝卜是一种质脆味美、营养丰富的家常蔬菜。中医认为它可以补中气、健胃消食、壮元阳、安五脏，对于消化不良、久痢、咳嗽、夜盲症等有较好疗效，故被誉为"东方小人参"。用油炒熟后吃，胡萝卜素在人体内可转化为维生素 A，提高机体免疫力，间接消灭癌细胞。

黑媚娘

用蓝莓汁作为水溶液调制皮坯，不仅使面点的色彩大为改观，且营养价值提高。

一、原料

1. **皮坯原料**：水磨糯米粉140克，澄粉50克，白糖130克，玉米淀粉50克，蓝莓汁350克。
2. **馅心原料**：奶黄馅。
3. **辅助原料**：熟糯米粉200克。

二、工艺流程

1. 称取水磨糯米粉140克、白糖130克、澄粉50克、玉米淀粉50克，蓝莓汁350克，放入不锈钢容器中调匀过滤。将过滤后的溶液倒入不锈钢方盘中，上笼蒸20分钟。取出蒸熟的粉团放在案板上，撒上熟糯米粉揉匀、揉透成黑媚娘面团。
2. 将面团下30克一个的面剂，包入奶黄馅，收口呈圆形，沾少量熟糯米粉搓均匀装盘。

三、成品标准

大小均匀、饱满，色泽紫中带粉、妩媚，口感软糯香甜。

四、制作关键

1. 黑媚娘粉团蒸熟后应趁热揉匀、揉透，若粉团冷却后不易揉匀、揉光滑。
2. 炒制熟糯米粉时要使用小火慢炒，炒熟但不能炒黄。

五、创新亮点

1. 馅心创新：目前市场上流行的雪媚娘馅心一般采用鲜奶油制作，用奶黄馅替代鲜奶油馅，更容易包制成形，且口味香甜。
2. 皮坯创新：用蓝莓汁作为水溶液调制皮坯，不仅使面点的色彩大为改观，且营养价值提高。

六、营养价值与食用功效

蓝莓中所含有的维生素A、维生素C等营养成分，可直接加速视网膜的合成与再生，具有保护眼睛的作用；富含的花青素具有一定的抗氧化和防癌抗癌功效；蓝莓的果胶含量亦较高，能有效降低胆固醇，防止动脉粥样硬化，促进心血管健康；除此之外，蓝莓能延缓脑神经衰老，增强记忆力，消除体内炎症，还有助于维持健康的肌肤，具有一定的美容养颜之功效。正所谓蓝莓外形虽小，但功效不可小觑。

七、温馨小贴士

奶黄馅制法：
1. 取吉士粉70克、玉米淀粉70克、低筋面粉70克、细砂糖150克放入不锈钢容器中，鸡蛋4个打散，与淡奶1听、炼乳半听同粉料调匀并过滤。
2. 将过滤后的溶液放入不锈钢容器中，放入笼中边蒸边搅拌，待溶液热时放入黄油100克搅拌，直至成熟凝固。

紫薯麻团

使用紫薯泥调制麻团面团，突破传统麻团使用水为介质调制面团的局限性。使面坯更具特色。口感更加细腻、香糯，营养丰富。

一、原料

1. **皮坯原料**：水磨糯米粉 500 克，紫薯 600 克，色拉油 25 克，白糖 25 克，水适量。
2. **馅心原料**：黑芝麻糖馅 200 克。
3. **辅助原料**：去皮白芝麻 150 克。

二、工艺流程

1. 将紫薯洗净切成薄片，上笼蒸 15 分钟至酥烂，放入搅拌机中加水搅成泥蓉。取水磨糯米粉 500 克、紫薯泥 900 克、色拉油 25 克、白糖 25 克放入不锈钢容器中调制成软硬适中的麻团面团。
2. 将麻团面团分割成 30 克一个的面剂，包入 10 克的黑芝麻糖馅收口搓圆，粘上去皮白芝麻再搓，使白芝麻紧密地粘在麻团生坯上。
3. 油锅上火烧至三至四成热时，放入麻团生坯小火炸至麻团浮出油面时，改大火炸至白芝麻呈金黄色，捞起沥干油装盘。

三、成品标准

大小均匀、圆润，芝麻金黄，外皮香脆、内馅软糯。

四、制作关键

1. 麻团面团必须要醒透。
2. 麻团生坯上的芝麻要粘紧。
3. 炸制麻团时必须先用低油温养透，使其浮起后再用高油温炸制定型。若刚开始炸就用高油温，则麻团会爆裂。

五、创新亮点

1. 使用紫薯泥调制麻团面团，突破传统麻团使用水为介质调制面团的局限性，使面坯更具特色。
2. 麻团色泽紫中带黄，诱人食欲。
3. 口感更加细腻、香糯，营养丰富。

六、营养价值与食用功效

紫薯又叫黑薯，薯肉呈紫色至深紫色，它除了具有普通红薯的营养成分外，还富含硒元素和花青素。花青素对 100 多种疾病有预防和治疗作用，是目前科学界发现的防治疾病、维护人类健康最直接、最有效、最安全的自由基清除剂，其清除自由基的能力是维生素 C 的 20 倍、维生素 E 的 50 倍。除此之外，紫薯中还富含纤维素，经常食用可促进肠胃蠕动，具有通便功效和抗癌作用。

七、温馨小贴士

黑芝麻糖馅制法：黑芝麻 500 克，用小火炒熟碾碎，加 250 克白糖、100 克炒熟的面粉或米粉与 300 克熟猪油擦成团。常食黑芝麻能乌发健脑。

南瓜蝴蝶卷馒头

用果蔬南瓜作为皮坯原料的组成部分，改变面团的色泽。提高点心产品的营养价值，增加点心的风味。

一、原料

1. **皮坯原料**：中筋面粉 300 克，南瓜 100 克，水 100 克。
2. **辅助原料**：酵母 6 克，无铝泡打粉 6 克。

二、工艺流程

1. 南瓜削皮切片，放在蒸锅里蒸 15 分钟。
2. 调制白色面团：100 克水、4 克酵母、4 克无铝泡打粉混合均匀后倒入 200 克面粉中，搅动和匀后再用手揉约 20 分钟，制成"三光"面团。
3. 将蒸锅里蒸好的南瓜用工具压成泥晾凉。
4. 调制黄色面团：南瓜泥和 2 克酵母、2 克无铝泡打粉混合均匀后倒入 100 克面粉中，搅动成团块后再用手揉约 20 分钟，成"三光"面团。（如果面团太干，可以用面团沾适量水再揉。）
5. 用压面机或擀面杖将两色面团压成均匀的平面后，黄色面上层，白色面下层，卷起。
6. 用刀切块后，将有纹路的切面朝上用筷子夹起成蝴蝶状，放在蒸笼里盖上盖，静置 15 分钟，然后开火蒸 10 分钟即可。

三、成品标准

形似蝴蝶，饱满松软。

四、制作关键

1. 南瓜要蒸熟、蒸透，用细粉筛擦制，使南瓜泥细腻。
2. 制成的半成品要醒发充足才能上笼蒸制。
3. 保持旺火足气一次性蒸熟。
4. 掌握蒸制成熟的时间，一般蒸 10 分钟左右。

五、创新亮点

1. 造型创新：在传统双色卷的基础上，通过夹制造型，使其成蝴蝶形。
2. 皮坯创新：用果蔬南瓜作为皮坯原料的组成部分，改变面团的色泽。
3. 提高点心产品的营养价值，增加点心的风味。

六、营养价值与食用功效

南瓜含有淀粉、蛋白质、胡萝卜素、B族维生素、维生素 C 和钙、磷等成分，营养丰富，日益受到现代人的重视。其不仅有较高的食用价值，而且有着不可忽视的食疗作用。据《滇南本草》载：南瓜性温，味甘无毒，入脾、胃二经，能润肺益气，化痰排脓，驱虫解毒，治咳止喘，疗肺痈与便秘，并有利尿、美容等作用。

七、温馨小贴士

南瓜，有治疗前列腺肥大、预防前列腺癌、防治动脉硬化与胃粘膜溃疡、化结石作用。

苦瓜凉团

利用苦瓜汁调制面团，改善面点的色泽，使成品色泽翠绿，诱人食欲。

一、原料

1. **皮坯原料**：水磨糯米粉 350 克，水磨粘米粉 150 克，苦瓜汁 450 克，白糖 200 克。
2. **馅心原料**：黑芝麻糖馅 400 克。
3. **辅助原料**：芝麻碎适量，麻油 50 克。

二、工艺流程

1. 水磨糯米粉、水磨粘米粉、苦瓜汁与白糖混合在一起拌匀，调制成浓稠恰当的面团。
2. 取一干净的不锈钢方盘，在底部、侧面均匀地抹上麻油，将面团平铺在方盘中，表面抹平。
3. 方盘放入蒸笼中，旺火蒸 30 分钟后取出。
4. 面案上抹上麻油，将蒸熟的面团倒在抹油的案板上，用洁净的白色纱布蘸凉开水反复揉匀、揉透至面团软糯而不粘手。（或将熟面团放在搅拌机中，加凉开水搅拌至糯而不粘。）
5. 下 30 克一个的面剂，包入黑芝麻糖馅，收口按成饼状，在四周、底部滚粘上一层芝麻碎，装盘即可。

三、成品标准

大小均匀、色泽翠绿光洁，甘中微苦，清凉解暑。

四、制作关键

1. 掌握好所调制面团的浓稠度，既不能太稠也不能太稀。
2. 掌握好面团蒸制成熟的时间和火候，蒸制时间短则面团不易成熟，蒸制时间过长则面团容易发黄，影响产品的色泽。
3. 面团蒸熟后一定要加凉开水揉匀、揉透，否则会粘手而影响成型操作。
4. 成品四周、底部一定要滚粘上一层芝麻碎，否则装盘容易粘盘，食用不方便。

五、创新亮点

1. **皮坯创新**：利用苦瓜汁调制面团，改善面点的色泽，使成品色泽翠绿，诱人食欲。
2. **口味创新**：甜点中带有一点苦味，使点心产品甜而不腻。

六、营养价值与食用功效

苦瓜新鲜汁液中含有的大量维生素 C 能提高机体的免疫力；含有的苦瓜苷和苦味素能增进食欲，健脾开胃；含有的生物碱类物质奎宁具有利尿活血、消炎退热、清心明目的功效；含有的丰富膳食纤维能够促进胃肠蠕动，有效预防肠癌；含有的类似胰岛素的物质具有良好的降血糖作用，是糖尿病患者的理想食品。

七、温馨小贴士

1. 苦瓜茶做法及功效：苦瓜 1 个、绿茶适量，将苦瓜上端切开，挖去瓤，装入绿茶，把瓜挂于通风处阴干；将阴干的苦瓜取下洗净，连同绿茶切碎，混匀，每日取 10 克放入杯中，以沸水冲沏饮用。此茶具有清热解暑、利尿除烦之功效，适用于中暑发热、口渴烦躁等病症。
2. 苦瓜汁做法及功效：取鲜苦瓜 500 克，先将苦瓜洗净切片，入锅中加 250 毫升水，煮 10 分钟左右，瓜熟即可，食瓜饮汁。本汁具有清热明目的功效，适用于肝火上炎、目赤疼痛者饮之。

【注意事项】苦瓜性凉，脾胃虚寒者不宜食用。

玫瑰茶糕

利用蔬菜汁中的天然色泽调制粉料并与馅心拌和，使馅心呈自然的玫瑰色，既诱人食欲，又营养保健。

一、原料

1. **皮坯原料**：水磨糯米粉 200 克，水磨粘米粉 300 克，白糖 300 克，苋菜汁 50 克，冷水 250 克。
2. **馅心原料**：草莓酱 200 克。
3. **装饰原料**：朱古力针 5 克。

二、工艺流程

1. 水磨糯米粉与水磨粘米粉按 2 比 3 的比例混合均匀成粉料。
2. 取 1/6 的粉料，加入 50 克苋菜汁、50 克白糖，双手搓擦至粉料用手握能成团，松开后用手指捏能碎的玫瑰色粉团，其余粉料加入 250 克冷水、250 克白糖，用同样的手法调制成白色粉团。
3. 将制好的粉团装入干净的容器中，盖上洁净的纱布后放入冰箱中冷藏，醒 2 小时左右。
4. 取出醒好的粉团，用细粉筛过筛，使粉料更加细腻。
5. 蒸笼中放一特制的方框；方框中垫上干净的笼布，将白色粉料的一半铺平在方框中，上笼锅中旺火蒸 5 分钟后取出。将草莓酱与玫瑰色粉料拌匀后，均匀地抹一层在蒸好的白色粉料表面作为馅心。将余下的白色粉料铺在馅上，抹平粉料。
6. 继续上笼锅旺火蒸 20 分钟，取出，待茶糕冷却后，用不锈钢模具压制成需要的形状并撒少量朱古力针点缀。

三、成品标准

大小均匀、造型美观，吃口松软，玫瑰色馅心夹在其中，香甜、诱人食欲。

四、制作关键

1. 要使茶糕吃口松软，掌握粉料掺和的比例最关键。
2. 掌握好粉团掺水或苋菜汁的量，不可太多也不可太少。水多则茶糕吃口粘，水少则茶糕干燥且易散。
3. 正确掌握用糖量的多少，根据现代饮食理念应轻糖。具体可根据食客的喜好适当调整。
4. 掌握好蒸制成熟的时间和火候。

五、创新亮点

1. 馅心创新：利用蔬菜汁中的天然色泽调制粉团并与馅心拌和，使馅心呈自然的玫瑰色，既诱人食欲，又营养保健。
2. 造型创新：使用模具成型，可根据宴席的主题来选择符合宴会意境的造型，烘托氛围，提升接待的档次。

六、营养价值与食用功效

草莓和苋菜中都含有丰富的维生素 C、矿物质和膳食纤维等营养成分，具有一定的抗氧化、防癌抗癌、清热解毒、通利小便、补血之功效，对于慢性病患者具有一定的保健功效，这款糕点亦是一道具有美容养颜、延年益寿功效的美味佳肴。

七、温馨小贴士

茶糕属于松质糕，可以在粉料中加入各种细小的果仁，如松子仁、核桃仁等，可增加糕的风味和特色。

香芋凤巢酥

通过面团的工艺创新，使点心成熟后形成蜂窝抽丝状，对点心起了一定的美化作用。

一、原料

1. **皮坯原料**：荔浦芋头 500 克，澄粉 150 克，热开水 180 克，熟猪油 100 克。
2. **馅心原料**：板栗馅 200 克。
3. **调味原料**：盐 4 克，鸡粉 2 克，色拉油适量。
4. **辅助原料**：臭粉 2 克。

二、工艺流程

1. 芋头洗净去皮，切成薄片上笼蒸至熟烂，趁热擦成泥蓉状备用。
2. 澄粉中加入热开水搅拌均匀，倒在案板上加入熟猪油反复擦匀、擦透，成澄粉面团。
3. 芋蓉与澄粉面团混合，加入盐、鸡粉、臭粉反复揉匀、揉透成芋蓉面团。
4. 面团下 30 克一个的面剂，包入板栗馅制成椭圆形生坯。
5. 炒锅上火，倒入色拉油烧至 180℃左右，放入生坯，用中小火炸至金黄色即可。

三、成品标准

大小均匀、外形呈蜂窝抽丝状，香酥可口。

四、制作关键

1. 芋头的品种很关键，应选择含水量少、粉质重的芋头。含水量高的芋头无法制作。
2. 调制澄粉面团一定要使用热开水，否则面团易松散，黏性差。
3. 芋蓉要擦细腻，不能有小颗粒，否则会影响蜂窝的形成。
4. 面团要反复擦匀，使澄粉、芋蓉、猪油、盐、臭粉充分混合均匀。

五、创新亮点

1. 皮坯创新：利用果蔬根茎类原料调制面团，改善面团的质地，使成品口感粉酥。
2. 口味创新：使用板栗制馅，突破传统甜点中常用豆沙馅、枣泥馅、莲蓉馅的局限性，丰富口味和营养。
3. 工艺创新：通过面团的工艺创新，使点心成熟后形成蜂窝抽丝状，对点心起了一定的美化作用。

六、营养价值与食用功效

芋艿含有丰富的黏液皂素及多种微量元素，可帮助机体纠正微量元素缺乏导致的生理异常，同时能增进食欲，帮助消化，补中益气；芋艿含有一种黏液蛋白，被人体吸收后能产生免疫球蛋白，可提高机体的抵抗力，故中医认为芋艿能解毒，对人体的痈肿毒痛有一定抑制消解作用；除此之外，芋艿为碱性食品，能中和体内积存的酸性物质，调节人体的酸碱平衡，具有美容养颜、乌黑头发的作用，还可用来防治胃酸过多症等。

七、温馨小贴士

1. 芋头特别适合身体虚弱者食用。
2. 糖尿病患者少食。
3. 芋头忌与香蕉同食。

薄荷芸豆糕

此款点心来源于传统小吃豌豆黄。用芸豆代替豌豆，由于前者口味较为清淡，故制作时加入适量薄荷香精，使其更为适口，尤其适于在夏季食用。

果蔬原料点心篇

一、原料

1. **皮坯原料**：白芸豆 500 克。
2. **调味原料**：白糖 300 克，薄荷香精少量。
3. **辅助原料**：口碱 1 克，琼脂 10 克，水 500 克，色拉油适量。
4. **装饰原料**：薄荷叶少许。

二、工艺流程

1. 琼脂洗净泡透，加水，蒸化过筛备用（琼脂溶化后会有些小颗粒物的沉淀，影响点心成色，所以要用细筛筛掉）。
2. 白芸豆泡透后放入容器中，加口碱、水 500 克（以没过芸豆为好）蒸熟，取出去皮抹碎成泥，将其放入锅内并加入白糖用中小火翻炒，炒至水分收干，再将琼脂液倒入锅中，继续炒制片刻，即成豆泥，放入少量薄荷香精拌匀。将豆泥倒入刷过油的梅花盏内冷却，用保鲜膜封好（以免表面结皮），放在通风口，晾凉后入冰箱冷藏，上桌时从梅花盏中取出，表面用小片薄荷叶装饰点缀。

三、成品标准

造型美观，爽滑清香，入口即化。

四、制作关键

1. 芸豆蒸制前要用冷水泡透，否则不易蒸烂。
2. 将豆泥倒入模具冷却时不可来回晃动，以免表面不平整。
3. 模具内要均匀地刷一层干净的食用油，否则成品不易脱模，影响造型。

五、创新亮点

此款点心来源于传统小吃豌豆黄。用芸豆代替豌豆，由于前者口味较为清淡，故制作时加入适量薄荷香精，使其更为适口。此款点心尤其适于在夏季食用。

六、营养价值与食用功效

芸豆营养丰富，据测，每百克芸豆含蛋白质 23.1 克、脂肪 1.3 克、碳水化合物 56.9 克、胡萝卜素 0.24 毫克、钙 160 毫克、磷 410 毫克、铁 7.3 毫克及丰富的 B 族维生素，鲜芸豆还含丰富的维生素 C。白芸豆富含易于吸收的优质蛋白质、适量的碳水化合物及多种微量元素等，可提高机体免疫力；所含维生素 B1 能维持人体正常的消化腺分泌和胃肠道蠕动，抑制胆碱酶活性，可帮助消化，增进食欲；所含磷脂可促进胰岛素分泌，参加糖代谢，是糖尿病患者的理想食品。

七、温馨小贴士

薄荷是常用的中药之一，它是辛凉性发汗解热药，常用于治疗流行性感冒、头疼、目赤以及咽喉、牙床肿痛等症。

Innovative
Pastry

特色馅心点心篇

虾仁葫芦酥

突破传统点心单调的咸甜口味，吸收中西式烹调多味型的特点，调制咖喱口味。

一、原料

1. **皮坯原料**：水油面 300 克，干油酥 200 克。
2. **馅心原料**：虾仁 200 克，鲜香菇 50 克，马蹄 肉 50 克，韭黄 30 克，洋葱 50 克。
3. **调味原料**：咖喱粉 10 克，盐 5 克，白糖 10 克，料酒 10 克，色拉油 500 克，麻油 10 克，味精 5 克，生抽 10 克，蛋清 1 个，生粉 15 克。
4. **装饰原料**：蛋黄 2 个，红色面条 若干。

二、工艺流程

1. 水油面做皮，干油酥做馅，将干油酥包入水油面中，擀成长方形面片叠三层，再擀成长方形面片叠三层。再次擀薄后，用不锈钢卡模刻成直径 10 厘米的圆皮备用。
2. 虾仁漂净去沙线，切成小粒后挤干水分，加盐 2 克、蛋清、生粉 5 克上浆。鲜香菇、马蹄肉、洋葱、韭黄洗净切成粒备用。
3. 炒锅上火烧热，倒入色拉油 500 克烧至 4 成热时，放入虾仁滑油，然后倒入漏勺中沥干油。
4. 锅中留少量油，用中小火将咖喱粉炒香，再放入洋葱粒、香菇粒、马蹄粒翻炒，待香菇水分炒干时烹入料酒，用白糖、盐 3 克、生抽、味精调味，倒入滑熟的虾仁用水淀粉勾芡，淋上麻油出锅，待馅心冷却后拌入韭黄粒。
5. 将馅心包入皮坯中，用手捏成葫芦形，中间用红色面条扎起，表面刷一层蛋黄液成虾仁葫芦酥生坯。
6. 生坯摆放在烤盘中，入上下火皆 220℃的烤炉中烤至表面金黄。

三、成品标准

大小均匀、饱满，色泽金黄，口感香酥、味鲜美。

四、制作关键

1. 掌握调制水油面、干油酥的比例。
2. 制馅时要先将咖喱粉炒香，掌握好炒的火候，防止炒煳。
3. 控制好炉温和烤制的时间。

五、创新亮点

1. 口味创新：突破传统点心单调的咸甜口味，吸收中西式烹调多味型的特点，调制咖喱口味。
2. 造型创新：将暗酥制成中国传统的酒葫芦形，使点心更加精细，提高了点心的档次。

六、营养价值与食用功效

虾的营养价值极高，其中富含的蛋白质能够提高人体免疫力且易于人体消化吸收；虾肉中钙含量较高，能够有效预防骨质疏松和促进儿童骨骼发育；虾中含有丰富的镁，对心脏活动具有重要的调节作用，能很好地保护心血管系统；虾中脂肪以不饱和脂肪酸为主，能够有效调节体内血脂代谢，因此这款糕点是一道老少皆宜的补益佳品。

七、温馨小贴士

虾体内的虾青素有助于消除因时差反应而产生的时差综合征。

菊花脑小苹果

使用杂粮调制面团并且在面团中进行调味，使面点产品更具特色。

一、原料

1. **皮坯原料**：土豆泥 400 克，菊花脑汁熟澄面 200 克。
2. **馅心原料**：菊花脑 500 克。
3. **调味原料**：白糖 50 克，盐 8 克，味精 5 克，熟猪油 25 克，盐 7 克，胡椒粉 2 克，姜末适量。

二、工艺流程

1. 将土豆泥 400 克、菊花脑汁熟澄面 200 克与盐 7 克、胡椒粉 2 克混合，反复擦匀成团。
2. 水锅上火烧开，将洗净的菊花脑焯水，取出用凉水冲透后切碎。
3. 将切碎的菊花脑挤干水分用盐、白糖、味精、姜末、熟猪油调味成馅。
4. 面团下 25 克一个的面剂，包入 15 克馅心，捏成苹果形生坯。
5. 生坯上笼旺火蒸 5 分钟即可。

三、成品标准

大小均匀、色泽翠绿、形象逼真，口感软糯，具有菊花脑的清香味。

四、制作关键

1. 土豆蒸烂、蒸透，土豆泥要擦匀、擦细、无颗粒。
2. 澄面要用 100℃ 的水烫熟，边烫边搅，烫后加盖焖 5 分钟后再揉透成团。
3. 馅心水分要少，水分多不易包馅。

五、创新亮点

1. 使用杂粮调制面团并且在面团中进行调味，使面点产品更具特色。
2. 点心造型仿照植物果形，形象逼真、诱人食欲。
3. 使用野蔬菊花脑制馅、制皮，增加了点心的清香味。

六、营养价值与食用功效

土豆是所有粮食植物中维生素含量最全的，矿物质、膳食纤维含量也高，可促进肠胃蠕动，有助于消化；土豆中钾的含量高，能排除人体内多余的钠，有助于降低血压；土豆中丰富的 B 族维生素具有一定的抗衰老作用；土豆中的脂肪含量非常低，仅含 0.1%，代替主食食用可具有一定的减肥效果。

七、温馨小贴士

菊花脑是深受南京人喜爱的野生蔬菜，其有清热解毒、调中开胃、降血压之功效。此外，菊花脑还含有黄酮类和挥发油等物质，有特殊芳香味，食之凉爽清口。

核桃仁小包

在发酵面团中加入了可可粉，使核桃仁小包具有形象和色相，诱人食欲。

一、原料

1. **皮坯原料**：中筋面粉 500 克，酵母 5 克，可可粉 20 克，发酵粉 5 克，温水 250 克。

2. **馅心原料**：去皮五花肉 250 克，冬笋 50 克，鲜香菇 50 克，熟核桃仁 100 克。

3. **调味原料**：盐 10 克，白糖 20 克，味精 5 克，老抽 10 克，葱段、姜片各 10 克，葱、姜末各 10 克，料酒 20 克，水淀粉 50 克。

二、工艺流程

1. 500 克中筋面粉置于案板上，中间开窝。将 5 克酵母、20 克可可粉倒入 250 克温水调匀，再倒入面窝中调制成发酵面团备用。

2. 五花肉改刀切小块，放在冷水锅中加葱段、姜片、料酒煮开焯水，捞起洗净。再放入水锅中，加葱段、姜片、料酒煮熟。

3. 将煮熟的五花肉、鲜香菇、冬笋分别切成小丁，熟核桃仁用手掰成小粒。

4. 炒锅上火烧热，用油滑锅放入葱姜末炒香。下香菇丁、笋丁煸干水分炒香，再放入五花肉丁煸炒。喷料酒、老抽后放入适量煮肉的汤，用白糖、盐、味精调味。用水淀粉勾芡，放入核桃仁粒拌匀成馅。

5. 面团发酵好后，在面团中加入 5 克发酵粉反复揉匀。搓条，下 25 克一个的面剂，擀皮包入馅心制成核桃形的小包生坯。

6. 生坯醒发后上笼，用旺火蒸 8 分钟即可。

三、成品标准

形似核桃，皮暄软、卤汁丰润、味美适口。

四、制作关键

1. 准确掌握调制发酵面团的水温及加水量。水温应控制在 40℃左右，水量是面粉量的 50%。

2. 发酵面团调制好后，要注意发酵过程中面团的保温。面团在 30℃左右发酵速度最快。

3. 包子生坯做好后不能立即上笼蒸，应该在适宜的温度和湿度下使其完全醒发后再蒸。

4. 包子生坯醒发后，以旺火速蒸。控制好蒸制的时间，不易久蒸，通常蒸 8 分钟即可。

五、创新亮点

1. 皮坯创新：在发酵面团中加入了可可粉，使核桃仁小包具有形象和色相，诱人食欲。

2. 馅心创新：在肉馅中加入炸熟的果仁，使馅心更具风味和营养。

六、营养价值与食用功效

核桃有"万岁子""长寿果"之称。核桃仁中所含的精氨酸、油酸、抗氧化物质等对保护心血管，预防冠心病、中风、老年痴呆等是颇有裨益的；核桃仁中所含的微量元素锌和锰是脑垂体的重要成分，常食核桃仁有益于大脑的营养补充，具有健脑益智的作用；核桃仁中所含维生素 E 可使细胞免受自由基的氧化损害，是医学界公认的抗衰老物质。但核桃仁因为脂肪含量高，故应注意食用量。

七、温馨小贴士

1. 核桃虽好，但也不是人人适宜食用的。腹泻、阴虚火旺者，痰热咳嗽、便溏腹泻、素有内热盛及痰湿重者均不宜服用。

2. 核桃一次不要吃得太多，否则会影响消化。

玫瑰花石子饼

利用酒酿发酵，使面团更具酒香风味。

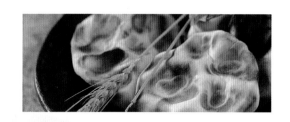

一、原料

1. **皮坯原料**：中筋面粉 500 克，酵母 5 克，发酵粉 5 克，酒酿 250 克。
2. **馅心原料**：玫瑰花馅 200 克。

二、工艺流程

1. 将面粉与酒酿、酵母、发酵粉调制成发酵面团。
2. 鹅卵石洗净分两烤盘，放入上下火都是 250℃的烤箱中，烤至 250℃。
3. 发酵面团揉光滑，下 25 克一个的面剂，包入玫瑰花馅制成饼形。
4. 将饼坯放在一个托有 250℃石子的烤盘中，再将另一烤盘中的石子倒在饼坯上，使饼坯完全被石子覆盖。利用石子的温度焐 5 分钟，使饼成熟。

三、成品标准

馍大小均匀,色泽焦黄、褐白相间,香甜脆松。

四、制作关键

1. 面团要发足，揉光。
2. 石子要小，且大小均匀。
3. 石子要洗干净，且温度一定要达到 250℃。
4. 馍要完全被覆盖在石子中。

五、创新亮点

1. 馅心创新：利用玫瑰花制馅，使馅心更具风味。
2. 发酵方法创新：利用酒酿发酵，使面团更具酒香风味。
3. 成熟方法创新：利用石子传递热量使馍成熟，香味更足。

六、营养价值与食用功效

玫瑰花含有丰富的维生素 A、C、B、E、K 以及单宁酸等营养成分，使其具有一定的保健功效；玫瑰花不仅能够改善内分泌失调，对消除疲劳和促进伤口瘀合也有不错的帮助；玫瑰花亦能促进血液循环，具有调经、利尿、防皱纹、防冻伤等作用，是女性美容养颜之佳品；身体疲劳酸痛时，取些玫瑰花来按摩也相当合适。

七、温馨小贴士

玫瑰花馅制法：取几朵大红色的鲜玫瑰，洗干净花瓣，晾干。按照一层砂糖一层花瓣的顺序，将玫瑰花瓣与砂糖放到玻璃瓶里面。腌制半个月左右翻动一次，待花瓣全部与砂糖呈半融化状态即成玫瑰花馅。

茄松包子

其创新来源于传统嵌花包子的馅料，用茄子、虾仁取代原本用的糖冬瓜，在馅料中又增加了番茄酱的用量并加入番茄沙司，使酸甜味更为浓郁。

一、原料

1. **皮坯原料**：中筋面粉 500 克，糖粉 40 克，酵母 5 克，泡打粉 6 克，冷水 220 克。
2. **馅心原料**：松仁（熟）25 克，虾仁 120 克，去皮茄子 300 克。
3. **调味原料**：番茄酱 80 克，番茄沙司 80 克，水 100 克，白糖 30 克，白醋 8 克，玉米淀粉 10 克，蛋清少许。
4. **辅助原料**：紫薯粉、抹茶粉各少许。

二、工艺流程

1. 将所有皮坯原料揉成团，在压面机上来回压至面团光滑。取出一小块面团拌入少许抹茶粉，其余面团加入紫薯粉，调成绿色、紫色两块面团分别待用。
2. 锅中加水烧开下入白糖、番茄酱、番茄沙司，用玉米淀粉勾芡（浓稠），待凉。茄子切丁，过油至金黄色并焯水，虾仁切丁焯水，两者用吸油纸吸干水分。拌入番茄酱汁、白醋及松仁成馅。
3. 紫色面团搓条，下每只 30 克重的剂子，包入茄松馅 15 克，在收口处涂上蛋清，粘上用抹茶面团做成的茄子柄，然后将生坯捏成茄子形，静置醒发约 10~20 分钟（室温约 20℃左右）。
4. 上笼旺火蒸 8 分钟即可。

三、成品标准

外皮柔软，酸甜适口，形如茄子。

四、制作关键

1. 由于成品象形且又是用膨松面团制作，应掌握好生坯醒发的程度。
2. 茄子和虾仁焯水后必须吸干其油分和水分，防止馅料渗水或渗油而难以成型，调味时应注意酸甜味的平衡，口味可略浓一些。

五、创新亮点

其创新来源于传统嵌花包子的馅料，用茄子、虾仁取代原本用的糖冬瓜，在馅料中又增加了番茄酱的用量并加入番茄沙司，使酸甜味更为浓郁。

六、营养价值与食用功效

1. 茄子的营养较丰富，含有蛋白质、脂肪、碳水化合物、维生素以及钙、磷、铁等多种营养成分。茄子味甘性凉，常吃可预防坏血病、高血压、动脉硬化等，而夏天吃又能清火。
2. 虾仁中含有 20% 的蛋白质，是蛋白质含量高的食品之一。虾仁的脂肪含量少，并且几乎不含作为能量来源的动物糖质，其胆固醇含量较高，同时含有丰富的能降低人体血清胆固醇的牛磺酸，还含有丰富的钾、碘、镁、磷等微量元素和维生素 A 等成分。虾肉有补肾壮阳、通乳抗毒、养血固精、化淤解毒、益气滋阳、通络止痛、开胃化痰等功效。

七、温馨小贴士

松仁所含脂肪中的主要成分为油酸酯及亚油酸酯，味甘性温，具润肺、润肠、通便之功效。

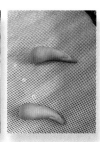

芝心麻球

麻球是一种古老的汉族特色油炸面食，常包有芝麻、豆沙等馅料。本品对传统馅心进行了更替，将马苏里拉芝士用作馅心，既提升了营养价值，又因这种芝士热食时的拉丝特性而增添了客人食用时的趣味感。

一、原料

1. **皮坯原料**：白糖 30 克，开水 450 毫升，水磨 糯米粉 480 克，中筋面粉 60 克，泡打粉 5 克。
2. **馅心原料**：马苏里拉芝士适量。
3. **辅助原料**：白芝麻、色拉油各适量。

二、工艺流程

1. 制粉团：将白糖溶化于开水中；水磨糯米粉与面粉、泡打粉混匀；将糖水慢慢倒入粉料中，边加边快速搅拌；揉捏成均匀光滑的糯米粉团，包上保鲜膜，待用。
2. 制馅心：芝士擦碎备用。
3. 成型：将糯米粉团分成小团，压扁，包入适量芝士碎，收口之后搓圆，在白芝麻里滚几下，裹上白芝麻。
4. 成熟：将色拉油加热到四成热，放入麻球生坯，慢慢养炸，待麻球浮起时改大火炸至金黄色，出锅沥油。

三、成品标准

色泽金黄，形状圆润，香脆油甜，乳香味醇。

四、制作关键

1. 白糖应事先溶化于开水中。
2. 包裹馅心前最好将粉团捏几下，使其更为柔软，便于包馅操作。
3. 裹白芝麻前，若表面不够湿润，可以蘸一点水在手心，搓糯米粉团的外表使其湿软，易于粘上白芝麻。裹上白芝麻后，放在手心轻轻搓，让白芝麻粘牢。
4. 炸制时先用四成油温慢慢加热，避免麻球爆开。
5. 趁热食用，此时芝士馅呈浓稠的浆状，并可以拉出丝来。

五、创新亮点

麻球是一种古老的汉族特色油炸面食，常包有芝麻、豆沙等馅料。本品对传统馅心进行了更替，将马苏里拉芝士用作馅心，既提升了营养价值，又因这种芝士热食时的拉丝特性而增添了客人食用时的趣味感。

六、营养价值与食用功效

芝士含有丰富的蛋白质、钙、脂肪、磷和维生素等营养成分，可提高人体免疫力，促进成长及身体组织器官的修复，供给能量与活力，参与酸碱平衡的调节。

七、温馨小贴士

奶油芝士、糖粉、柠檬汁混合均匀后也可用作馅心，滴入少许朗姆酒则更具风味。

韩式水饺

传统点心一般以咸鲜、甜为主，而韩式水饺在馅心中加入了辣椒酱和蒜泥调味，增加了馅心的香辣度，丰富了面点的口味。

一、原料

1. **皮坯原料**：中筋面粉 500 克，冷水 150 克，南瓜泥 100 克。
2. **馅心原料**：绞肉 500 克，泡菜 100 克，苹果 250 克。
3. **调味原料**：辣椒酱 10 克，盐 7 克，白糖 15 克，老抽 10 克，料酒 10 克，葱、姜末各 10 克，蒜子 50 克，味精 5 克，麻油 10 克，水 200 克。

二、工艺流程

1. 300 克面粉置于案板上，中间开窝，加入 150 克冷水调制成冷水面团；200 克面粉置于案板上，中间开窝，加入 100 克南瓜泥调制成南瓜面团。
2. 泡菜、苹果分别加工成粒，蒜子加工成蒜泥。
3. 500 克绞肉置于干净的容器中，加葱、姜末、盐，白糖，料酒，老抽搅拌起劲。200 克水分多次加入肉中，每加一次水都要搅拌上劲。水加完后放入蒜泥、泡菜粒、苹果粒，再加入辣椒酱、味精、麻油拌匀成馅。
4. 白、黄两色面团分别擀成大小相等的长方形面片，将黄色面片叠在白色面片上，黏合紧密，从上向下卷紧，用刀切成 10 克一个的面剂，擀成直径 7 厘米的圆形皮坯，包入馅心捏成木鱼形并推花边成饺子生坯。
5. 水锅上火烧开，将饺子生坯放入锅中煮熟捞出即可。

三、成品标准

形态饱满，色泽白、黄相间分明，卤汁丰润、味香鲜辣。

四、制作关键

1. 两色面皮之间要抹适量水，有利于黏紧，且要卷紧。
2. 调制馅心时应先放盐搅上劲后再加水，水要分多次加入，每加一次水都要搅拌起劲。否则，加入的水会外泄，不仅不利于包馅，而且馅心也容易变质。
3. 煮制饺子时要开水下锅，煮开后待饺子浮于水面时，要在饺子的表面浇上冷水，业内称之为"点水"，其目的是增加饺子的光洁度。
4. 要掌握饺子煮制成熟的时间，饺子不宜煮太久，通常煮开后"点水"三次即可。

五、创新亮点

1. 馅心创新：在肉馅中加入水果、泡菜、蒜泥，使馅心口感无爽。
2. 口味创新：传统点心一般以咸鲜、甜为主，而韩式水饺在馅心中加入了辣椒酱和蒜泥调味，增加了馅心的香辣度，丰富了面点的口味。

六、营养价值与食用功效

1. 苹果含有多种维生素、矿物质、糖类、脂肪等，构成大脑所必需的成分。多吃苹果有增进记忆、提高智力的效果。
2. 猪肉含有丰富的维生素 B，可以使身体感到更有力气。猪肉还能提供人体必需的脂肪酸。猪肉性味甘咸，滋阴润燥，可提供血红素（有机铁）和促进铁吸收的半胱氨酸，能改善缺铁性贫血症状。

七、温馨小贴士

1. 大蒜宜生食，将大蒜碾碎后最好放置 10~15 分钟，等大蒜素完全产生后再吃效果最好。
2. 大蒜不要空腹吃，因为大蒜具有较强的刺激性和腐蚀性，会造成胃部不适。
3. 大蒜不宜多吃，它会影响人体对维生素 B 的吸收，会对眼睛有刺激作用，引起眼睑炎和眼结膜炎。

板栗墨鱼包

板栗果实较坚硬，常作为零食，如糖炒栗子。生板栗果肉烧熟后，其肉质细腻、糖分多、香味浓。利用板栗这一特性，可将其煮熟、制成蓉，并加入糖、油熬制成馅心，其味香甜可口，别具风味。

一、原料

1. **皮坯原料**：中筋面粉 500 克，酵母 5 克，温水 230 克，白糖 15 克，发酵粉 5 克。
2. **馅心原料**：生板栗肉 500 克，白糖 300 克，色拉油 200 克。
3. **装饰原料**：黑芝麻少量。

二、工艺流程

1. 将面粉与酵母、白糖、温水一起调制成发酵面团。
2. 面团发起后，加入发酵粉反复揉匀、揉光。
3. 下每只重 25 克的面剂，将面剂擀成圆形面皮，放入板栗馅，收口制成墨鱼形，用黑芝麻做眼睛，成包子生坯。
4. 生坯充分醒发后，上笼旺火蒸 8 分钟即可。

三、成品标准

成品大小均匀，形象逼真，暄软甜润。

四、制作关键

1. 面团调制得要稍硬些，并反复揉光滑。
2. 生坯要充分醒透才能上笼蒸制。

五、创新亮点

馅心创新：板栗果实较坚硬，常作为零食，如糖炒栗子。生板栗肉烧熟后，其肉质细腻、糖分多、香味浓。利用板栗这一特性，可将其煮熟，制成蓉，并加入糖、油熬制成馅心，其味香甜可口，别具风味。

六、营养价值与食用功效

1. 抗衰老。栗子中所含的丰富不饱和脂肪酸和维生素、矿物质，能防治高血压、冠心病、动脉硬化等疾病，是抗衰老、延年益寿的滋补佳品。
2. 治小儿口舌生疮。栗子含有核黄素，常吃栗子对日久难愈的小儿口舌生疮和成人口腔溃疡有益。
3. 理想的保健佳品。栗子含有丰富的维生素C，能够维持牙齿、骨骼、血管、肌肉的正常功用，可以预防和治疗骨质疏松、腰腿酸软、筋骨疼痛、乏力等，是老年人理想的保健佳品。

七、温馨小贴士

板栗馅制法：生板栗肉 500 克蒸至熟烂，擦制成泥蓉状；锅中放白糖 300 克和色拉油 200 克熬化；将板栗蓉放入其中用中小火熬至板栗蓉成形即可。

流沙包子

此款点心的新亮点体现在馅心上，原料使用较多鲜奶油等，不仅营养丰富，且香味熟咸蛋黄，馅心有沙沙的口感，咸咬开馅心呈流淌状。

一、原料

1. **皮坯原料**：中筋面粉 500 克。
2. **馅心原料**：白糖 150 克，咸蛋黄蓉 150 克，熟胡萝卜蓉 150 克，奶粉 50 克，动物奶油 50 克，吉士粉 50 克，黄油 100 克，白牛油 120 克。
3. **辅助原料**：糯米纸 5 张，泡打粉和酵母各 6 克，白糖 10 克，水 250 克。

二、工艺流程

1. 将黄油、白牛油融化后冷却，与其余馅料拌和在一起，反复擦匀、擦透成馅，将馅心分成 15 克一个用糯米纸包好，放置在冰箱中冷冻备用。
2. 面粉放在案板上，中间开窝，放入泡打粉、酵母、白糖、水，调制成发酵面团。
3. 发酵面团用压面机反复压，压至光滑，最后压成片，用圆形卡模刻出圆形面皮（每个重 20 克），包入馅心，收口处捏紧向下，呈圆球形放入蒸笼内醒透，上笼旺火蒸 8 分钟即可。

三、成品标准

色泽洁白，面皮松软，口味独特。

四、制作关键

1. 发酵面团一定要压光滑。
2. 馅心要用糯米纸包裹，方便制作。

五、创新亮点

此款点心的创新亮点体现在馅心上，原料使用较多的黄油、鲜奶油等，不仅营养丰富，且香味浓；使用熟咸蛋黄，馅心有沙沙的口感，咸蛋黄味浓，咬开馅心呈流淌状。

六、营养价值与食用功效

1. 咸蛋黄富含卵磷脂与不饱和脂肪酸、氨基酸等人体生命重要的营养元素。咸鸭蛋味甘，性凉，入心、肺、脾经，有滋阴、清肺、丰肌、泽肤、除热等功效。
2. 胡萝卜营养价值很高，含有丰富的蛋白质和木质素，并含有丰富的胡萝卜素、维生素 C 和 B 族维生素，具有健脾消食、补肝明目、清热解毒、透疹、降气止咳等多方面的保健功能，因此被誉为"小人参"。

七、温馨小贴士

胡萝卜素属脂溶性物质，故只有在油脂中才能被很好地吸收。因此，食用胡萝卜时最好用油类烹调后食用，或同肉类同煨，以保证有效成分被人体吸收利用。

年年有余酥

利用鱼肉与粮食、果仁制馅，丰富点心色泽和口感。点心采用鱼的造型，与用鱼肉制馅一致，寓意深刻。

一、原料

1. **皮坯原料**：水油面 300 克，干油酥 200 克。
2. **馅心原料**：松仁 50 克，鲜香菇 50 克，玉米粒 50 克，黑鱼肉 200 克。
3. **调味原料**：白糖 8 克，盐 10 克，葱姜汁 15 克，味精 5 克，色拉油 500 克，蛋清 1 个，生粉 15 克，高汤适量。
4. **辅助原料**：蛋黄 2 个。

二、工艺流程

1. 水油面做皮，干油酥做馅，将干油酥包入水油面中，擀成长方形面片叠三层，再擀成长方形面片叠三层。再次擀薄后，用不锈钢卡模刻成直径 10 厘米的圆皮。
2. 黑鱼肉用 4 克盐、1 个蛋清、15 克葱姜汁、10 克生粉上浆备用。
3. 炒锅上火烧热，在锅中倒入 500 克色拉油烧至四成热，将鱼肉滑油后，倒入漏勺中沥油。
4. 锅中留少量油，放入鲜香菇、玉米粒煸炒，放适量高汤，用白糖、盐、味精调味后，倒入鱼肉，再用水淀粉勾芡，撒上炸熟的松仁拌匀，盛装在干净的容器中晾凉。
5. 将馅心放在皮坯上，做成鱼形，表面均匀刷一层蛋黄液，入上下火都是 220℃的烤箱中，烤至金黄色。

三、成品标准

色泽金黄，形象逼真，皮酥香，馅鲜滑。

四、制作关键

1. 鱼肉要去净骨并漂净血污。
2. 掌握好鱼肉滑油的温度和时间。
3. 浆制鱼肉时要先用干布将鱼肉水分吸干，否则鱼肉不易上劲，容易造成脱浆，馅心不滑嫩。

五、创新亮点

1. 利用鱼肉与粮食、果仁制馅，丰富点心色泽和口感。
2. 点心采用鱼的造型，与用鱼肉制馅一致，寓意深刻。

六、营养价值与食用功效

1. 松仁的营养价值很高，含蛋白质、脂肪、碳水化合物以及矿物质钙、磷、铁和不饱和脂肪酸等营养物质，常食松子，可以强身健体，特别对老年体弱、腰痛、便秘、眩晕、小儿生长发育迟缓等有一定疗效，有补肾益气、养血润肠、滋补健身的作用，可治疗燥咳、咯血等病症。
2. 香菇营养丰富，素有"植物皇后"的美誉。香菇富含蛋白质、糖类、多种维生素和矿物质等，香菇中还含有 7 种氨基酸。香菇具有促进人体新陈代谢，增强人体免疫力，降低血压、血脂，防癌抗癌等功效。

七、温馨小贴士

松子，一般人群均可食用，适宜中老年体质虚弱、大便干结以及患慢性支气管炎、久咳无痰与心脑血管疾病之人食用，但便溏、精滑、咳嗽痰多、腹泻者忌用，且因其含丰富油脂，所以胆功能严重不良者应慎食。

Innovative
Pastry

特色皮坯点心篇

油汆紧酵

表皮质感创新，通过油炸使点心表皮起泡，像癞蛤蟆的皮，改变了点心皮坯的质感和口感。

一、原料

1. **皮坯原料**：中筋面粉 500 克，酵母 3 克，盐 5 克，水 250 克左右。
2. **馅心原料**：胡萝卜 300 克，鲜笋 200 克，粉丝 100 克。
3. **调味原料**：葱 10 克，胡椒粉 3 克，色拉油 2000 克，味精 2 克。

二、工艺流程

1. 鲜笋焯水、粉丝泡发后，与胡萝卜分别切成短丝备用。
2. 锅上火放适量色拉油，将胡萝卜丝、笋丝煸炒一下，放盐、味精、胡椒粉调味，出锅前倒入粉丝煸炒并撒入葱花，制成馅心。
3. 将面粉放置在案板上，中间开窝放入酵母、盐、水，揉成稍软一点的光滑面团。
4. 下 15 克一个的剂子，包入馅心，上笼蒸熟后取出凉透（用包包子的方法包馅后，收口捏死，褶子朝下，放入蒸笼里）。
5. 旺火热锅后加色拉油烧至六成热时，将紧酵分批下锅，炸至表皮微微起泡时捞出，待油温升高至七八成热时，再将紧酵回锅炸至表皮发脆，呈金黄色时捞出。

三、成品标准

外皮酥脆，馅心松软，油润鲜美，色泽美观。

四、制作关键

1. 三丝切得不能太长，尽量切得短些，否则影响成型。
2. 发酵不能足，使用嫩酵面团制作。
3. 掌握油炸的温度和时间，待表皮起泡、酥脆，呈金黄色即可。

五、创新亮点

1. 以蔬菜制馅替代肉馅，符合现代人的养生之道。
2. 表皮质感创新，通过油炸使点心表皮起泡，像癞蛤蟆的皮，改变了点心皮坯的质感和口感。

六、营养价值与食用功效

鲜笋具有低脂肪、低糖、高纤维素等特点，能消渴、利水道、益气、化热、消痰、爽胃，还能防治咳喘、糖尿病、高血压、烦渴、失眠等症。

七、温馨小贴士

竹笋性属寒凉，又含较多的粗纤维和难溶性草酸钙，所以患有胃溃疡、胃出血、肾炎、尿结石、肝硬化或慢性肠炎的人应慎食。

网皮杂粮锅贴

传统锅贴的馅心一般是纯猪肉馅、纯牛肉馅或纯羊肉馅，而此创新点心在纯肉馅中加入了卤制的茭白，不仅使馅心口味更浓，而且营养价值更高。

一、原料

1. **皮坯原料**：玉米粉 50 克，中筋面粉 200 克，热水 125 克。
2. **馅心原料**：绞肉 500 克，茭白粒 200 克。
3. **调味原料**：白糖 20 克，盐 10 克，老抽 15 克，胡椒粉 2 克，味精 8 克，麻油 10 克，色拉油 50 克，葱、姜各 10 克，菜籽油 100 克，水 200 克，水淀粉适量。
4. **辅助原料**：面粉浆水适量。

二、工艺流程

1. 将中筋面粉与玉米粉充分拌匀后置于案板上，中间开窝倒入 125 克热水调制成热水面团，将热水面团冷透备用。
2. 绞肉放在干净的盆中，加葱姜、7 克盐、10 克糖、10 克老抽，顺一个方向搅拌起劲，将 200 克水分 4 次加入绞肉中，每加一次都将绞肉搅拌起劲。最后放入 5 克味精、10 克麻油、2 克胡椒粉拌匀成肉馅。炒锅上火烧热，用色拉油滑锅，锅中留少量底油放入茭白粒煸炒，喷入余下的老抽，用 10 克白糖、3 克盐、3 克味精调味，用水淀粉勾芡。倒入干净的容器中，待冷却后与肉馅拌匀即成锅贴馅。
3. 面团揉匀，下 15 克一只的面剂，擀成直径 9 厘米的圆皮，包入馅心捏成月牙形的锅贴生坯。
4. 平底锅上火烧热，在锅底均匀地淋上菜籽油。将锅贴生坯由锅外围向中间均匀摆放，用中小火煎至底部微黄时，加入面粉浆水后盖上锅盖。改大火煮，待听到锅中有响声时，将火调成中火并在锅中淋少量菜籽油，转动锅将锅贴底部煎成金黄色即可。

三、成品标准

锅贴呈月牙形，皱褶均匀，底部色泽金黄且呈网状。

四、制作关键

1. 准确掌握绞肉的吃水量，并掌握加水的方法。水要逐次少量地加，并且每加一次水都要将绞肉搅拌上劲。
2. 锅贴生坯摆放于锅中时，从锅的外围向中间摆放，否则锅的中间温度高，中间部分的锅贴底部容易煳。
3. 掌握煎锅贴时的加水量。水多则煎的时间长并且锅贴容易烂，水少则锅贴不易煎熟，正确的加水量应该是加水到锅贴生坯的一半处。
4. 掌握好煎锅贴的火候要求。先小火，待锅贴生坯中加入水后改用大火，水将要干时再改用中小火，直至水干且锅贴底部起脆、变成金黄色时即可。
5. 煎锅贴最好用菜籽油，优点是色黄、味香。
6. 调制锅贴面团时要使用热水，这样锅贴不仅底脆且皮糯软，口感好。

五、创新亮点

1. **皮坯创新**：传统锅贴使用水调制面团，而茭白杂粮锅贴使用的是杂粮面团。
2. **馅心创新**：传统锅贴的馅心一般是纯猪肉馅、纯牛肉馅或纯羊肉馅，而此创新点心在纯肉馅中加入了卤制的茭白，不仅使馅心口味更浓，而且营养价值更高。

六、营养价值与食用功效

茭白中含有大量的营养物质，其中以碳水化合物、蛋白质、脂肪等营养物质的含量最为丰富。茭白具有健壮机体的作用，适量多吃可有效地增强人体的抵抗力以及免疫力，从而有效地对抗各种疾病。

七、温馨小贴士

经常用眼的人应多吃一些黄色的玉米，食用黄玉米可缓解黄斑变性、视力下降，黄玉米中的叶黄素和玉米黄质凭借其强大的抗氧化作用，可以吸收进入眼球内的有害光线。

香煎豌豆饼

使用豌豆泥调制面团，不仅改善了面点的色泽，增加了面点的营养，且使面点口感更细腻、软糯。

一、原料

1. **皮坯原料**：水磨糯米粉 250 克，豌豆泥 225 克，白糖 25 克。
2. **馅心原料**：鲜豌豆 500 克，白糖 200 克，色拉油 100 克。
3. **辅助原料**：口碱适量，色拉油 50 克。
4. **装饰原料**：去皮白芝麻 5 克。

二、工艺流程

1. 将 500 克新鲜豌豆放入水锅中，加少量口碱用大火烧开，小火慢煮。将豌豆煮至酥烂，取出冷透。
2. 用细筛将煮烂的豌豆擦成泥，取 225 克加入白糖、水磨糯米粉调制成软硬适中的面团，其余的豌豆泥留作馅心。
3. 将余下的豌豆泥放入锅中，加白糖、色拉油用中小火熬制成豌豆蓉馅心。
4. 面团下每只 30 克重的面剂，包入豌豆蓉馅，做成荷叶夹形的生坯。
5. 煎锅上火烧热，用色拉油滑锅，锅中留少量底油，放入生坯，用中小火将饼的一面煎黄至熟。

三、成品标准

外形呈荷叶夹形，翠绿中带黄，口感清香甜糯。

四、制作关键

1. 煮豌豆时放少量口碱，豌豆既容易酥烂，又能保持翠绿。
2. 掌握面团中加入的豌豆泥的数量，做到面团软硬度适中。
3. 控制好煎制成熟的火候。

五、创新亮点

1. 皮坯创新：使用豌豆泥调制面团，不仅改善了面团的色泽，增加了面点的营养，且使面点口感更细腻、软糯。
2. 造型创新：将传统饼做成荷叶夹形，提升了点心的档次，使大众点心精细化。

六、营养价值与食用功效

豌豆营养丰富，有助于提高机体免疫力。豌豆富含纤维素、维生素 C，能保持大便通畅，起到清洁大肠的作用。常吃豌豆能治脾胃之病。

七、温馨小贴士

豌豆蓉馅做法：豌豆蓉馅原料配方比例：500 克豌豆蓉，100 克色拉油，200 克白糖。

奶黄西米饺

制作点心皮坯一般采用粮食的粉料，利用西米做皮坯很少见。

一、原料

1. **皮坯原料**：泰国小西米 500 克，玉米淀粉 100 克，奶粉 20 克，白糖 50 克。
2. **馅心原料**：奶黄馅 200 克。
3. **辅助原料**：生粉 100 克。

二、工艺流程

1. 西米放入开水锅中煮 15 分钟，待呈半透明状时捞出沥水。
2. 西米沥干水分后装入干净的器皿中，加玉米淀粉、奶粉、白糖揉黏，铺开放入笼中再以旺火蒸 5 分钟。
3. 从笼中取出放案板上，撒上生粉搓条、切剂、包馅，制成三角形的生坯。
4. 生坯放置在笼中，旺火蒸 3 分钟即可。

三、成品标准

有韧性，透明如珍珠，色泽靓丽，口感好。

四、制作关键

1. 西米要开水下锅煮，否则西米会碎。
2. 西米呈半透明状时捞出，放入玉米淀粉拌和后再蒸至透明。

五、创新亮点

皮坯创新：制作点心皮坯一般采用粮食的粉料，利用西米做皮坯很少见。

六、营养价值与食用功效

1. 西米的主要成分是淀粉，西米还含有碳水化合物、蛋白质、少量脂肪及微量 B 族维生素。西米味甘性温，可温中健脾，在治疗脾胃虚弱和消化不良方面有良好的功效；西米还具有使皮肤恢复天然润泽的功能。
2. 奶黄馅营养丰富，是由鸡蛋、牛奶、黄油等混合搅拌而成的，营养丰富，适合营养不良、久病体虚、气血不足者食用。

七、温馨小贴士

西米不是一种米，它是以木薯淀粉制成的颗粒；糖尿病患者忌食。

栗蓉奶香糕

板栗蓉和动物奶油完美结合，通过冷冻定型的方法很美观地装饰在蒸蛋糕的表面。

一、原料

1. **皮坯原料**：鸡蛋 250 克，白糖 50 克，糕点粉 120 克，蛋糕乳化油 5 克，色拉油 15 克，泡打粉 4 克，抹茶粉 10 克。
2. **馅心原料**：板栗蓉 200 克，动物奶油 50 克。
3. **装饰原料**：草莓酱 100 克，车厘子 10 颗。

二、工艺流程

1. 将鸡蛋、白糖用打蛋器搅打至白糖溶化，加入糕点粉、泡打粉、抹茶粉慢速搅打均匀。
2. 加入蛋糕乳化油快速搅打至全蛋的干性发泡。
3. 改为慢速，慢慢加入色拉油，搅拌均匀即成蛋糕面糊。
4. 深不锈钢长方盘上垫油纸，倒入蛋糕面糊，面糊高度为 1 厘米，盘表面包上一层保鲜膜。
5. 上笼旺火蒸制 15 分钟，取出晾凉，用圆形卡模卡成圆形蛋糕片 10 片。
6. 板栗蓉用蛋抽搅打均匀，慢慢加入动物奶油搅打均匀，装入硅胶模具中冷冻 4 小时。
7. 蛋糕圆片垫底，上面加上冷冻好的板栗奶油冻。
8. 在板栗奶油冻中间挤上草莓酱，用车厘子装饰即可。

三、质量标准

柔软膨松，软滑适口，营养丰富，造型美观。

四、制作关键

1. 全蛋干性发泡的识别。
2. 搅打全蛋面糊速度的运用。
3. 板栗蓉和动物奶油搅拌速度和均匀度的掌握。

五、创新亮点

1. 蒸制的蛋糕更营养、更健康、更美味。
2. 板栗蓉和动物奶油完美结合，通过冷冻定型的方法很美观地装饰在蒸蛋糕的表面。

六、营养价值与食用功效

板栗含有丰富的营养成分，包括糖类、蛋白质、脂肪、多种维生素和无机盐，对高血压、冠心病、动脉粥样硬化等症具有较好的防治作用。老年人常食板栗，对抗老防衰、延年益寿大有好处。

七、温馨小贴士

1. 蒸制蛋糕时表面要盖上保鲜膜，防止水蒸气的滴落。
2. 做好的制品可放入冰箱冷藏 30 分钟，更能体现制品的口感。

海皇萝卜饺

皮坯料中加入胡萝卜泥，既有胡萝卜的香味和营养，又有胡萝卜的颜色。

一、原料

1. **皮坯原料**：水磨糯米粉 500 克，沸水 180 克，澄粉 150 克，胡萝卜泥 150 克。
2. **馅心原料**：白萝卜丝 150 克，叉烧肉粒 40 克，竹蛏肉粒 50 克，肥膘泥 20 克。
3. **调味原料**：盐 3 克，味精 5 克，葱花 30 克，蚝油 30 克。
4. **辅助原料**：面包糠 10 克，蛋液适量，色拉油 1000 克。
5. **装饰原料**：香菜 10 根。

二、工艺流程

1. 在白萝卜丝、叉烧肉粒、竹蛏肉粒、肥膘泥中加入葱花、盐、味精、蚝油一起拌匀成馅。
2. 澄粉用沸水烫熟揉匀，加入水磨糯米粉、胡萝卜泥揉制均匀成团。
3. 面团下 25 克一个的面剂，包入调制好的馅心，制成胡萝卜形状的生坯。
4. 生坯表面粘上蛋液再粘裹面包糠，下油锅用三成油温炸至浮起，再改大火炸成金黄色。
5. 装盘。在粗的一头用香菜叶装饰，使其呈象形胡萝卜样。

三、质量标准

造型美观，外皮酥脆，馅心鲜美可口。

四、制作关键

1. 面团调制要软硬适中，便于包制馅心。
2. 调制馅心时，葱花不可加得太多，否则会影响口感。

五、创新亮点

1. 白萝卜丝、叉烧肉粒、竹蛏肉粒三者结合在一起调制咸鲜味的馅心，荤素搭配。
2. 皮坯料中加入胡萝卜泥，既有胡萝卜的香味和营养，又有胡萝卜的颜色。

六、营养价值与食用功效

糯米含有蛋白质、脂肪、糖类、钙、磷、铁、维生素 B1、维生素 B2、烟酸及淀粉等营养物质，营养丰富，为温补强壮食品，具有补中益气、健脾养胃、止虚汗之功效，对食欲不佳、腹胀腹泻有一定缓解作用。

七、温馨小贴士

白萝卜刨成丝后，要用盐腌制片刻后再挤干水分，否则馅心中水分含量高，不利于包馅。

夏莲虾仁包

利用红曲水调制澄粉面团，点心色泽呈天然的粉红色，诱人食欲。

一、原料

1. **皮坯原料**：澄粉 350 克，生粉 150 克，熟猪油 20 克，红曲水 450 克，抹茶粉适量。
2. **馅心原料**：虾仁 500 克，鲜笋 800 克，猪肥膘肉 120 克。
3. **调味原料**：盐 10 克，味精 10 克，白糖 8 克，白胡椒粉 2 克。

二、工艺流程

1. 调制馅心：虾仁去虾线洗干净，鲜笋切成小丁放入水中煮透，猪肥膘肉在锅中煮熟，剁成泥状加入到虾仁、笋丁中，放盐搅打上劲，用味精、白糖、白胡椒粉调味后放入冰箱冷藏备用。
2. 调制澄粉面团：澄粉、生粉中加入烧开的红曲水烫制成团，加入熟猪油揉匀、揉透、揉光滑，另用抹茶粉调制点绿色面团做花叶和柄。
3. 下 30 克 1 个的面剂，包入馅心，收口后要搓圆，然后搓成大水滴形，用刮板压出斜纹，最后装上绿色的柄和花叶。
4. 将生坯上笼，用中火蒸 6 分钟后取出。

三、质量标准

形似夏莲、粉嫩透明，造型精美。

四、制作关键

1. 调制澄粉面团时，要保证红曲水有足够高的温度，红曲水烧开才能调制出可塑性好的澄粉面团。
2. 虾仁馅心要适当冷冻，冷冻至与澄粉面团的软硬度相当，便于成形。

五、创新亮点

1. 造型创新：用夏莲的造型代替传统虾饺的形状，让食客耳目一新。
2. 皮坯创新：利用红曲水调制澄粉面团，点心色泽呈天然的粉红色，诱人食欲。

六、营养价值与食用功效

1. 营养丰富。虾肉的蛋白质含量是鱼、蛋、奶的几倍到几十倍，还含有丰富的钾、碘、镁、磷等矿物质及维生素 A、氨茶碱等成分，且其肉质松软，易消化，对身体虚弱以及病后需要调养的人是极好的食物。
2. 预防高血压及心肌梗死。虾中含有丰富的镁，镁对心脏活动具有重要的调节作用，能很好地保护心血管系统，可减少血液中的胆固醇含量，防止动脉硬化，同时还能扩张冠状动脉，有利于预防高血压及心肌梗死。
3. 通乳作用。虾肉富含磷、钙，对小儿、孕妇尤有补益功效，且有通乳作用。
4. 抗癌作用。虾中很重要的一种物质就是虾青素，就是虾肉表面红颜色的成分，它是目前发现的最强的一种抗氧化剂，颜色越深说明虾青素含量越高，而花青素具有一定的抗癌作用。

七、温馨小贴士

馅心一定要搅打上劲，这样口感最佳。

五彩冰皮月饼

用米粉原料代替传统月饼的油酥面皮，改变了月饼的口感。

一、原料

1. **皮坯原料**：水磨糯米粉 50 克，水磨粘米粉 50 克，澄粉 30 克，色拉油 25 克，白糖 30 克，牛奶 185 毫升。
2. **馅心原料**：新鲜板栗 500 克，白糖适量，黄油 40 克。
3. **辅助原料**：水磨糯米粉 30 克。
4. **装饰原料**：抹茶粉、草莓粉、可可粉、熟紫薯粉、黄金芝士粉少量。

二、工艺流程

1. 将所有粉料混合过筛后放入盆内，加白糖拌匀，分次加入牛奶并用蛋抽搅拌至没有颗粒为止，最后再将剩余的牛奶倒入混合均匀。
2. 倒入色拉油拌匀，面糊静置片刻后包上保鲜膜上笼旺火蒸 25 分钟。
3. 将蒸好的面放入盆内，用手按压成团冷却。30 克糯米粉炒熟作为扑面。
4. 将面团切成 5 块，分别加入抹茶粉、草莓粉、可可粉、熟紫薯粉和黄金芝士粉揉成 5 种颜色的面团。
5. 新鲜板栗蒸熟，将板栗肉碾碎成泥与白糖、黄油一起下锅炒匀成馅心。
6. 将不同颜色的小面块压扁，分别蘸上扑面，装入模具花片的花朵处，将白色面团包入馅心成冰皮月饼坯，放入模具中，用手挤压到底，脱模即可。有色面团装入模具花片的花朵处，通过压制使冰皮月饼表面呈现多彩的花效美化点心。

三、成品标准

成品外皮软糯，馅心可口。

四、制作关键

1. 冰皮面团要蒸熟、蒸透。
2. 热的面团会黏手，先用手指沾上扑面。
3. 彩色面团压成薄片覆盖在模具花片局部。

五、创新亮点

1. 皮坯创新：用米粉原料代替传统月饼的油酥面皮，改变了月饼的口感。
2. 色彩创新：用不同颜色的天然原料来增加点心制品的美观度和风味。

六、营养价值与食用功效

冰皮月饼是一种温和食品，有补虚、补血、健脾暖胃、止汗等作用。

七、温馨小贴士

生板栗巧去皮：用刀将板栗切成两瓣，去掉外壳后放入盆里，加上开水浸泡一会儿，用筷子搅拌，板栗皮就会脱去，但应注意浸泡时间不宜过长，以免营养流失。

山药枣泥糕

山药与糯米粉掺和调制面团，使面团具有特色，配伍红枣、枸杞更具营养保健功效。

一、原料

1. **皮坯原料**：山药 500 克，水磨糯米粉 400 克，白糖 100 克，黄油 50 克。
2. **馅心原料**：红枣 200 克，白糖 100 克，玉米淀粉 50 克。
3. **辅助原料**：糯米粉扑面、黄油适量。
4. **装饰原料**：枸杞、防潮糖粉适量。

二、工艺流程

1. 调制馅心：红枣上笼旺火蒸制 20 分钟，去皮、去核后取枣肉，加白糖、玉米淀粉调制成软硬适中的枣泥馅，下 10 克一个，搓成圆球状备用。
2. 调制皮坯：山药去皮洗净上笼旺火蒸制 20 分钟，压成泥，加入黄油、白糖擦拌均匀，加入糯米粉调制成软硬适中的面团，下 20 克一个的剂子。
3. 成型：将每个皮坯剂子分别包入枣泥馅收口搓圆，将圆坯滚上糯米粉扑面。
4. 在菊花蛋挞模内刷一层融化的黄油，将圆坯放入模具中压实。
5. 上笼旺火蒸制 10 分钟，取出装盘，中间用枸杞点缀，轻轻筛上一层防潮糖粉即可。

三、成品标准

香甜软糯，营养健康，造型精美。

四、制作关键

皮坯的软硬度与馅心的软硬度要一致，这样才便于成型。

五、创新亮点

山药与糯米粉掺和调制面团，使面团具有特色，配伍红枣、枸杞更具营养保健功效。

六、营养价值与功效

1. 红枣也称为大枣、枣子等，含丰富蛋白质、脂肪、糖分、胡萝卜素、维生素 B、C、P 及磷、钙、铁、环磷酸腺苷等营养成分，有"维生素丸"的美称。
2. 山药的营养成分丰富，内含 16 种氨基酸、维生素 C、多种矿物质等多种营养成分，具有健脾、补肺和固肾的功效。

七、小贴士

山药和红枣搭配具有美容养颜的功效，特别适合女士食用。

玉米元宝

面皮的甜味和馅料的酸味构成整个点心的酸甜味。;玉米粉中加入糯米粉、奶粉等粉料后，入口更加细腻，营养更加丰富。

一、原料

1. **皮坯原料**：玉米粉 200 克，水磨糯米粉 200 克，白糖 50 克，黄油 20 克，奶粉 10 克，炼乳 10 克，吉士粉 10 克，沸水 200 克。
2. **馅心原料**：凤梨 200 克，白糖 30 克，麦芽糖 30 克。

二、工艺流程

1. 调制馅心：凤梨去皮、去黑刺，切成小块，用淡盐水泡 10 分钟后取出放入料理机中搅打成蓉状，放入不粘厚底锅中，加入白糖、麦芽糖不断翻炒至水分完全蒸发干，冷却后分成 10 克一个的剂子，搓圆备用。
2. 调制皮坯：将玉米粉、糯米粉、白糖、奶粉、炼乳、吉士粉抄拌均匀，用沸水烫熟，再加入黄油揉均匀成团。
3. 成型：将面团搓条，切成每个 26 克的剂子，搓圆按扁后包入馅心，再搓成椭圆形，然后将两头按扁，使中间凸起，把馅心挤向中心，两头向中间窝起，做成元宝形状。
4. 将元宝生坯上笼，用旺火蒸制 6 分钟即可。

三、成品标准

色泽金黄，形态逼真，寓意吉祥。

四、制作关键

粉料一定要用沸水烫熟，否则面团易松散，难成团。

五、创新亮点

面皮的甜味和馅料的酸味构成整个点心的酸甜味；玉米粉中加入糯米粉、奶粉等粉料后，入口更加细腻，营养更加丰富。

六、营养价值与功效

凤梨营养丰富，含有糖类、蛋白质、脂肪、维生素 A、维生素 B1、维生素 B2、维生素 C、蛋白质分解酵素及钙、磷、铁等营养成分，尤其以维生素 C 含量最高。凤梨味甘、微酸，性微寒，有清热解暑、生津止渴、利小便的功效，可用于伤暑、身热烦渴、腹中痞闷、消化不良、小便不利、头昏眼花等症。

七、温馨小贴士

此种面团和馅心可做多种造型，既好看又美味。

Innovative
Pastry

创新造型点心篇

蜂窝黑米糕

通过在粉料中加入桂花酱，增加米糕的香味和营养价值。

一、原料

1. **皮坯原料**：竹炭粉 10 克，黑米粉 50 克，白糯米粉 150 克，水 300 克。
2. **调味原料**：白糖 300 克，桂花酱 25 克。

二、工艺流程

1. 将竹炭粉与黑米粉、白糯米粉、桂花酱、白糖、水拌和，擦成松质糕粉团。
2. 粉团用干净的湿布盖上，醒一小时后用细筛过筛。
3. 用蜂窝形模具挤压粉团成蜂窝形的米糕生坯。
4. 将生坯放入笼中，用旺火蒸 30 分钟即可。

三、成品标准

成品大小均匀，形似蜂窝，口感甜香松软。

四、制作关键

1. 掌握粉团调制的加水比例，调好的粉料应用手握能成团，用手指一捏就碎。
2. 粉团擦好后要醒透，使其充分吸水，否则米糕容易破散。
3. 掌握好白糯米粉与黑米粉的掺和比例，否则影响米糕的吃口。

五、创新亮点

1. 造型创新：利用蜂窝形模具成型，造型逼真。
2. 原料创新：通过在粉料中加入桂花酱，增加米糕的香味和营养价值。

六、营养价值与食用功效

1. 具有抗衰老、预防动脉硬化作用。黑米外皮层中含有花青素类色素，这种色素本身具有很强的抗衰老作用。此外，这种色素中还富含黄酮活性物质，是白米的 5 倍之多，对预防动脉硬化有很大的作用。
2. 能降低血糖。黑米中含膳食纤维较多，淀粉消化速度比较慢，血糖指数仅有 55（白米饭为 87），因此吃黑米不会像吃白米那样造成血糖的剧烈波动。
3. 能控制血压、减少患心脑血管疾病的风险。黑米中的钾、镁等矿物质有利于控制血压、减少患心脑血管疾病的风险。所以，糖尿病人和心血管疾病患者可以把食用黑米作为膳食调养的一部分。

七、温馨小贴士

桂花馨香，在点心制作中加入少量的桂花能增加风味，但要控制好加入的数量，如果加入太多会适得其反。桂花性味辛温，散寒破结，化痰止咳，可用于牙痛、咳喘痰多、经闭腹痛等症。

虾仁花篮烧卖

利用面粉和黑荞麦粉调制面团，改善面点的风味，增加面点的营养价值。

一、原料

1. **皮坯原料**：中筋面粉 400 克，黑荞麦粉 100 克，热水 200 克。
2. **馅心原料**：虾仁 500 克，冬笋 200 克，熟猪肥肉末 100 克。
3. **调味原料**：盐 10 克，白糖 5 克，葱姜水 500 克，味精 5 克，胡椒粉 3 克。
4. **装饰原料**：玫瑰花 10 克，可可色面团 50 克。

二、工艺流程

1. 400 克面粉与 100 克黑荞麦混合均匀，用热水调制成硬面团。
2. 虾仁用葱姜水泡半小时后剁成蓉，冬笋切开入开水锅中焯水后切碎。
3. 虾蓉、熟猪肥肉末、冬笋末放在洁净的容器中，加盐、白糖搅拌起胶，再加味精、胡椒粉搅匀成虾仁烧卖馅。
4. 面团揉光，下 15 克一只的面剂，擀成金钱底、荷叶边的烧卖皮。
5. 包入馅心，馅心上放少量玫瑰花点缀，用拢上法包成花篮形的烧卖生坯。
6. 将可可色面团搓成细条，交叉编成花篮把，入烤箱烤熟备用。
7. 生坯摆放在笼屉中，旺火蒸 8 分钟后取出，插上烤熟的花篮把，即成虾仁花篮烧卖成品。

三、成品标准

形似花篮、大小均匀，鲜爽可口。

四、制作关键

1. 掌握好调制烧卖面团的水温，一般用 70℃以上的热水。
2. 掌握好烧卖面团的加水量，500 克面粉加水 200 克左右。
3. 调制虾仁馅时要先加盐搅拌起胶，馅中不加水，使馅爽口。

五、创新亮点

1. 皮坯创新：利用面粉和黑荞麦粉调制面团，改善面点的风味，增加面点的营养价值。
2. 造型创新：利用有色面团、鲜花点缀使成品呈花篮造型。

六、营养价值与食用功效

黑荞麦中的生物类黄酮能够促进胰岛 β 细胞的恢复，降低血糖和血清胆固醇，可以治疗糖尿病及其并发症。

七、温馨小贴士

制作花篮烧卖的面坯一定要用硬面团，否则在擀制烧卖皮的时候，面团容易粘在擀面杖上，影响操作。

玫瑰花香

玫瑰花的味，与玫瑰花的形结合在一款点心中，既让人赏心悦目，又让人口齿留香。

一、原料

1. **皮坯原料**：水 250 克，色拉油 250 克，鸡蛋 250 克，蛋糕预拌粉 500 克。
2. **馅心原料**：玫瑰花酱 100 克，动物奶油 200 克，牛奶 200 克。
3. **辅助原料**：鱼胶片 20 克。

二、工艺流程

1. 鸡蛋、水、色拉油用打蛋器快速搅打均匀。
2. 加入蛋糕预拌粉搅拌均匀成面糊。
3. 烤盘垫纸，倒入面糊并平铺均匀，放入烤箱用上火 190℃、下火 180℃烘烤 12 分钟。
4. 取出冷却，用圆形卡模卡出 12 个圆形蛋糕片，备用。
5. 鱼胶片用冷水泡软泡透。
6. 牛奶隔水加热，加入泡软的鱼胶片，溶化均匀。
7. 动物奶油用奶油机搅打至六七成膨松状态。
8. 牛奶鱼胶液中加入打发的动物奶油抄拌均匀，加入玫瑰花酱再抄拌均匀。
9. 倒入玫瑰花形的硅胶模中，冷冻 4~5 小时。
10. 装盘，每个圆形蛋糕片上放一个冷冻好的玫瑰花形奶油冻。

三、成品标准

形状美观，口感细腻，奶香浓郁。

四、制作关键

1. 以蛋糕预拌粉制作蛋糕的运用。
2. 动物奶油搅打膨松度的认识。
3. 鱼胶片的正确使用。

五、创新亮点

玫瑰花的味与玫瑰花的形结合在一款点心中，既让人赏心悦目，又让人口齿留香。

六、营养价值与食用功效

玫瑰花酱含有玫瑰精油、氨基酸、还原糖及磷、铁等矿物质，令其富营养、润肌肤、养容颜、抗衰老。

七、小贴士

1. 玫瑰花酱最好选用云南产的，其口感细腻。
2. 制作圆形蛋糕片和玫瑰花形奶油冻时，两者应大小一致，这样装盘更美观。

咖喱火凤凰

咖喱酱是西式烹调的调味品，运用川菜的调味中中西结合，

一、原料

1. **皮坯原料**：水磨糯米粉 300 克，低筋面粉 700 克，吉士粉 100 克，沸水 550 克。
2. **馅心原料**：鸡脯肉 100 克，洋葱末 20 克。
3. **调味原料**：咖喱酱 10 克，盐 3 克，味精 1 克，白糖 5 克，生抽 5 克，淀粉 10 克，料酒 5 克，色拉油 1000 克。
4. **装饰原料**：黑芝麻适量。

二、工艺流程

1. 鸡脯肉切丁，加盐、料酒、淀粉抓拌均匀备用。锅中加入适量色拉油，先放咖喱酱炒香，再放洋葱炒，下入鸡肉丁煸炒，炒至鸡肉颜色变白后用生抽、白糖、盐、味精调味，最后用淀粉勾芡。
2. 将水磨糯米粉、低筋面粉、吉士粉按 3：7：1 的比例拌匀，加入沸水烫制成团，面团烫熟、烫透后揉制均匀，搓条，下 15 克一个的剂子，制圆皮。
3. 圆皮折叠成三角形，包入咖喱馅，然后将三角形皮向中间粘成立体三角形，再将三条边推出花纹或用花钳夹出花纹，将叠制成三角形的花边翻出来，最后将顶端捏出凤凰头。捏出凤凰嘴的形状，两边用黑芝麻做眼睛，即成凤凰饺生坯。
4. 锅中放入色拉油烧至三成热，生坯放漏勺上以中小火炸至浮起，改为大火炸成金黄色。

三、成品标准

形态逼真，咖喱味浓。

四、制作关键

1. 面团要烫熟、烫透，在揉面的时候，手上抹上猪油，既可防止烫伤手又增加了面团的光泽。
2. 面团调制得要稍硬一点，有利于造型。

五、创新亮点

1. 面团中加入一定量的吉士粉，可起到增香增色的效果；加入一定量的糯米粉，可使炸制后的制品口感稍软糯，不生硬。
2. 咖喱酱是西式烹调中的调味品，运用到中点馅心的调味中，中西结合，使馅料口味丰富多样。

六、营养价值与食用功效

1. 鸡脯肉中蛋白质含量较高且易被人体吸收利用，含有对人体生长发育有重要作用的磷脂类。鸡脯肉有温中益气、补虚填精、健脾胃、活血脉、强筋骨的功效。
2. 咖喱的主要成分是姜黄粉、川花椒、八角、胡椒、桂皮、丁香和芫荽籽等含有辣味的香料，能促进唾液和胃液的分泌，增加胃肠蠕动，增进食欲，可预防老年痴呆症，并可以改善便秘，有益于肠道健康。

七、温馨小贴士

吉士粉分为两种：一种为普通吉士粉，常用于中式烹调，必须在热水状态下才可成糊化状态；一种为速溶吉士粉，常用于西式点心的制作，在冷水状态下也可成糊化状态。该制品用的是普通吉士粉。

金沙香猪包

馅料中的奶香味再加上咸蛋黄泥的咸鲜味，两种口味的融合使口感更加突出。

一、原料

1. **皮坯原料**：中筋面粉 500 克，黄油 20 克，白糖 30 克，酵母 8 克，泡打粉 4 克，盐 2 克，水 220 克，南瓜泥 20 克。

2. **馅心原料**：鸡蛋 100 克，白糖 100 克，奶粉 100 克，吉士粉 20 克，糕粉 30 克，玉米淀粉 8 克，黄油 100 克，水 140 克，炼乳 50 克，咸蛋黄 4 个。

3. **装饰原料**：黑芝麻 20 粒。

二、工艺流程

1. 鸡蛋搅打均匀，加入水、炼乳、白糖搅打至白糖溶化；再加入奶粉、吉士粉、糕粉、玉米淀粉搅打均匀至无粉疙瘩；最后加入黄油，倒入不锈钢容器中上笼旺火蒸制 30 分钟，每 10 分钟搅拌一次。蒸好后取出冷却，备用。咸蛋黄蒸熟压成泥，与冷却后的馅料抄拌均匀，入冰箱冷冻至与面团软硬度一致时再使用。

2. 面粉开成窝形，边缘撒上泡打粉，中间加入黄油、白糖、盐、酵母，用 30℃ 的温水调制成软硬适中的面团，面团揉光滑、揉均匀。

3. 取少量的面团加入南瓜泥揉成黄色面团。

4. 白色面团搓条，下 30 克一个的剂子，包入冷冻好的馅心，捏拢成圆形生坯。黄色面团分别制成猪耳朵和猪嘴，点缀在包子上，再装上黑芝麻作为猪眼睛，制成香猪生坯。

5. 将生坯醒 10~20 分钟，再入笼用开水旺火蒸 8 分钟即可。

三、成品标准

绵软香甜，造型可爱。

四、制作关键

1. 调制馅心时要搅拌均匀至无粉疙瘩，大火蒸制时每隔 10 分钟要搅拌均匀一次。

2. 成型时，小猪的身子要搓成圆扁形。

五、创新亮点

1. 造型创新：采用可爱小动物的造型，更能吸引小朋友的眼球。

2. 馅心创新：馅料中的奶香味再加上咸蛋黄泥的咸鲜味，两种口味的融合使口感更加突出。

六、营养价值与食用功效

发酵面制品中含有蛋白质、脂肪、碳水化合物、少量维生素及钙、钾、镁、锌等矿物质，口味多样，易于人体消化吸收。

七、温馨小贴士

可以根据顾客的喜好设计成不同风格的卡通小动物，中国传统的十二生肖和国外流行的星座都可以用发面来制作。

紫薯熊猫包

使用紫薯蓉来调制馅料，增加了点心风味和营养。

一、原料

1. **皮坯原料**：中筋面粉 250 克，温水 125 克，酵母 4 克，泡打粉 5 克。
2. **馅心原料**：紫薯 500 克，白糖 150 克，色拉油 100 克。
3. **装饰原料**：竹炭粉 5 克。

二、工艺流程

1. 250 克面粉中加入 125 克温水、4 克酵母、5 克泡打粉，调制成发酵面团。取少量发酵好的面团加入竹炭粉，调成黑色面团。
2. 紫薯洗净去皮切片蒸熟，碾成泥蓉状，用色拉油和白糖炒制成馅。
3. 将发酵面团揉光滑，下 25 克一个的面剂，擀成圆皮包入馅心，收口制成圆馒头形，稍按成扁圆型。
4. 取小块黑色面团揉搓成双数的半圆球形做熊猫的耳朵，稍微沾点水贴在馒头上，剩余的用擀面棒擀成薄皮，用小刀切出椭圆片形作为熊猫眼睛，可以用小号圆形裱花嘴盖出一个小洞做眼球，最后做嘴巴成熊猫包生坯。
5. 生坯醒发 15 分钟，用大火蒸 8 分钟至成熟。

三、成品标准

大小均匀、圆润，外皮膨松柔软，形似熊猫。

四、制作关键

1. 由于成品象形且又是膨松面团制品，应注意生坯的醒发度。
2. 造型时注意大小一致和左右对称。
3. 面团调制得稍硬一些，这样有利于造型。面团调制好即可制作，若待发酵好了就不易捏制成型。

五、创新亮点

1. 造型创新：呈动物熊猫状。
2. 馅心创新：使用紫薯蓉来调制馅料，增加了点心风味和营养。

六、营养价值与食用功效

紫薯营养丰富且具有特殊保健功能，它含有 20% 左右的蛋白质；含有 18 种氨基酸，易被人体消化和吸收维生素 C、B、A 等 8 种维生素和磷、铁等 10 多种矿物元素；含有大量药用价值高的花青素。经常食用紫薯有促进肠胃蠕动、通便和抗癌作用。

七、温馨小贴士

竹炭粉含有钙、钾、铁等天然矿物质，有帮助排毒及加速新陈代谢等功效。竹炭粉具有保湿作用，面点制作中加入适量的竹炭粉，不仅可提高营养价值，且制品表层不易变干，存放时间更长。

灵芝酥

用白色面和咖啡色面混搭起酥，酥层颜色不能相混，工艺难度较大，改变传统起酥方法。制成灵芝形状在造型方面也有突破。

一、原料

1. **皮坯原料**：水 油 面：中筋面粉250克，
熟猪油35克，水
125克。
干 油 酥：低筋面粉200克，
熟猪油130克，
可可粉5克。
咖啡色底：中筋面粉235克，
可可粉15克，水
120克，熟猪油
17克。
2. **馅心原料**：芒果干1袋。
3. **辅助原料**：色拉油适量，蛋清1只。

二、工艺流程

1. 咖啡色底的面揉好、醒透，擀薄后用灵芝
酥专用模子按出一块面片备用。
2. 低筋面粉加入熟猪油擦制成干油酥，取
70克备用，其余的加入5克可可粉和匀，
将两种颜色的干油酥擀成两个长方形，并
排放在一起。
3. 把和好的水油面擀成长方形包住两色干油
酥并擀成长方形。
4. 顺着一个方向进行两次三叠，白色部分在
叠时必须要对着白色部分，不可以和咖啡
色部分相混。
5. 从咖啡色部分开始卷，卷成圆筒状斜切成
椭圆形厚片，将厚片截面用手掌按下去，
让酥层顺着外面成一个方向。
6. 从皮子的中间向四周擀大，用灵芝酥专用
模具压出形状，酥层清晰的一面朝外，另
一面刷一层蛋清，放入馅心后，再贴上备
用的咖啡色面片，四周按紧。
7. 两边向中间卷起，接口处用蛋清粘合并搓
出灵芝的柄，即成灵芝酥生坯。
8. 三四成油温时将生坯下锅养，待酥层清晰
了再升至六成，高油温至200℃，待酥层
硬了即可出锅沥油。

三、成品标准

酥层清晰，色泽分明。

四、制作关键

1. 白色面和咖啡色面起酥时要注意颜色搭
配，不能混色。
2. 斜切时不能切得太薄。
3. 油温不能太高，否则影响色泽。

五、创新亮点

用白色面和咖啡色面混搭起酥，酥层颜色不
能相混，工艺难度较大，改变传统起酥方法。
制成灵芝形状在造型方面也有所突破。

六、营养价值与食用功效

芒果含有丰富的维生素、蛋白质、胡萝卜素
等，而且人体必需的微量元素（硒、钙、磷、
钾等）的含量也很高。芒果味甘酸、性凉无毒，
具有清热生津、解渴利尿、益胃止呕等功能。

七、温馨小贴士

经常吃芒果，有助于提高人的专注度，改善
记忆力。

时尚创意面点

水果千层酥

用水果装饰制品代替中点传统馅心，色彩艳丽、天然，更易被广大消费者喜爱。

一、原料

1. **皮坯原料**：中筋面粉 500 克，鸡蛋 20 克，白糖 30 克，黄油 20 克，水 250 克，片状起酥油 250 克。
2. **馅心原料**：板栗蓉 200 克，动物奶油 100 克。
3. **辅助原料**：鸡蛋液、水果光亮剂适量。
4. **装饰原料**：覆盆子 1 盒，黄桃 2 块，草莓 5 颗，糖粉适量。

二、工艺流程

1. 调制水油面团：中筋面粉、白糖、黄油中加入鸡蛋、水调制成软硬适中、光滑细腻的面团，整形成长方块状，用保鲜膜包紧，放入冰箱冷冻，冷冻的硬度与起酥油的硬度一致时即可。
2. 包酥：片状起酥油整形成水油面块的一半大，放置于水油面块一半的位置，对折包起，四周用手指捏紧。
3. 开酥：用走槌将面块擀薄，形状为长方形，厚度为 3 毫米，折叠成三层，再擀成厚薄为 3 毫米的长方形面片，折叠成三层，如此反复三次，最后擀薄成 3 毫米厚的长方形面片即可。
4. 成型：用爱心形卡模刻出爱心形面片 20 张，均匀摆放在烤盘上，用牙签均匀扎上洞眼。
5. 烘烤：面片表面刷蛋液，放入烤箱用上火 170℃、下火 180℃烘烤 20 分钟，取出冷却。
6. 调制馅料：动物奶油搅打至七八成膨发，与板栗蓉混合均匀，装入带有菊花形裱花嘴的裱花袋中。水果洗干净沥水，黄桃、草莓切成大小相当的块状。
7. 装饰：在爱心形酥片上，用板栗蓉奶油馅挤形，用黄桃块、草莓块装饰。共有四层酥片，最上面一层筛上一层薄薄的糖粉，用覆盆子点缀，并在上面刷一层水果光亮剂，再合上一片爱心形酥片，再次重复以上步骤。

三、成品标准

酥松可口，色彩艳丽，形状美观，香味扑鼻。

四、制作关键

1. 要保证水油面团和起酥油的软硬度一致才可以开酥。
2. 开酥时，走槌用力要均匀，以保证酥层均匀。

五、创新亮点

1. 用片状起酥油代替猪油，在制作工艺上更简化，有利于提高工作效率。
2. 用水果装饰制品代替中点传统馅心，色彩艳丽、天然，更易被广大消费者喜爱。

六、营养价值及食用功效

奶油的脂肪含量是牛奶的 20~25 倍，奶油在人体的消化吸收率较高，可达 95% 以上，奶油中含有很高的 V_A 和 V_D，但冠心病、高血压、糖尿病、动脉硬化者要慎食。

七、温馨小贴士

用于装饰点心的水果要注重颜色搭配，不能选用含单柠高的水果，否则水果易变色，影响点心的美观。

酸奶寿桃蜜

发酵面团中加入酸奶，改善了面团的风味，使面点成品的香味浓，组织细腻绵软，口感似蛋糕。

一、原料

1. **皮坯原料**：中筋面粉 500 克，泡打粉 3 克，酵母 8 克，盐 1 克，白糖 30 克，黄油 10 克，水 200 克，浓酸奶 100 克。
2. **装饰原料**：玫瑰花酱适量。

二、工艺流程

1. 面粉放在案板上，中间开窝，放入酵母、白糖、黄油、浓酸奶、盐，边缘粉料上撒上泡打粉，加入水调制成光滑均匀的面团。
2. 搓条下剂，每个剂子 20 克，擀成圆皮，厚薄均匀、直径为 8 厘米的圆皮，一面刷上色拉油，对折，用刀在表面刻上整齐的斜纹，以圆弧的中心为中心，在半圆上斜切两刀成一等腰三角形，最后将底边的三个点捏在一起成寿桃状半成品。
3. 半成品发酵醒面 15 分钟，上笼旺火蒸 8 分钟。裱花袋装入玫瑰花酱，在蒸好的寿桃尖上挤出爱心点缀。

三、质量标准

绵软香甜，具有发酵香味，形如寿桃。

四、制作关键

1. 面团调制得稍偏硬些，这样定型效果好。
2. 圆皮上要刷上一层油，这样蒸出来的时候呈现出双层。

五、创新亮点

1. 皮坯创新：发酵面团中加入酸奶，改善了面团的风味，使面点成品的香味浓，组织细腻绵软，口感似蛋糕。
2. 上馅方法创新：传统点心一般采用包馅方式，将馅心包入到点心制品中，此款点心则是将馅心装饰、点缀在点心的外表，使点心造型更形象，既起到了美化面点的作用，又增加了点心的甜美滋味。

六、营养价值与食用功效

酸奶的营养价值颇高，比鲜奶更易于消化吸收，这是因为发酵乳中有活力强的乳酸菌，能增强消化，促进食欲，加强肠道的蠕动和机体的物质代谢。因此，经常饮用酸奶可以起到食疗的作用，有利于人体的健康。

七、温馨小贴士

此款点心，如果在发酵过程中使用酒酿作为发酵剂，其风味也具特色。

大象酥

一、原料

1. **皮坯原料**：水油面：中筋面粉 250 克，熟猪油 30 克，水 125 克。
   干油酥：低筋面粉 200 克，熟猪油 100 克。
2. **馅心原料**：莲蓉馅适量。
3. **辅助原料**：蛋清、色拉油适量。
4. **装饰原料**：黑芝麻适量。

二、工艺流程

1. 将中筋面粉倒在案板上，中间开窝，加入熟猪油和水拌和，和成水油面；低筋面粉加入熟猪油擦制成干油酥；莲蓉馅分剂搓成水滴状备用。
2. 用水油面包入干油酥起酥，进行两次三叠，排酥。
3. 用模具压出大象酥的酥皮，刷蛋液，包裹馅心（顺着酥层纹路），收口。
4. 用工具压出大象脖子，将鼻子搓细搓长，刷蛋液。
5. 切小片酥皮分别做成大象耳朵和尾巴，涂刷蛋液后粘牢在大象上，最后在眼睛处刷蛋液后粘上黑芝麻即成大象酥生坯。
6. 色拉油下锅，烧至 105℃左右，将生坯放在漏勺上下锅，待油温升高，生坯表面略硬时开大火炸至成熟后沥油，最后吸油装盘。

三、成品标准

酥层清晰，色泽洁白。

四、制作关键

1. 水油面、干油酥的比例要恰当。
2. 排酥斜切时不能太薄。
3. 大象脖子要搓细搓长，突出大象的特征。
4. 油温不能太高，否则影响成品色泽。

五、创新亮点

造型上进行创新，制成大象形状。

六、营养价值与食用功效

莲子富含钙、磷、钾、生物碱，可以促进凝血，维持神经传导性，有安神、静气、强心的功效；同时莲子味甘、性平，有显著的去火效用；此外，莲子含有的非结晶生物碱能够扩展血管，有一定的降压作用。

七、温馨小贴士

排酥，是油酥制品中明酥点心酥层体现得比较突出的一种，其制作难度较大。

Innovative
Pastry

传统翻新点心篇

酒酿米饼

利用纯酒酿发酵使点心具有特殊的米酒风味，使点心风味更佳。

一、原料

1. **皮坯原料**：水磨粘米粉800克，紫米粉50克，中筋面粉200克，白糖200克，酒酿1200克，白兰地酒50克，泡打粉5克。
2. **辅助原料**：色拉油适量。

二、工艺流程

1. 称取水磨粘米粉800克、白糖200克、面粉200克与酒酿1200克调成稀面团，放置在温暖处发酵2小时。
2. 待稀面团充分发酵起泡鼓起时，加入白兰地酒50克、泡打粉5克调匀。
3. 将发酵好的稀面团一分为二，在其中的一半中加入50克紫米粉调匀。
4. 电饼挡的温度调节到200℃，刷少量色拉油。用小手勺分别舀少量白面团、紫面团，放在饼挡上两面煎黄，再用椭圆形制卡模压制成型即可。

三、成品标准

椭圆形的饼小巧玲珑、大小均匀，色泽黄紫相间，口感松软、酒香微甜。

四、制作关键

1. 掌握面团的稀稠度，不能太稀也不能太稠。
2. 注意加面粉的数量，不能过多，否则成品吃口过硬。
3. 掌握发酵的时间和发酵的程度，要一次性发足。
4. 煎制过程中少放油，否则太油腻。

五、创新亮点

1. 发酵方法创新：利用纯酒酿发酵使点心具有特殊的米酒风味，使点心风味更佳。
2. 制作工艺创新：在面团中加入葡萄酒，进一步辅助发酵，也增加了点心制品的酒香味，可增进食欲，提高营养价值。

六、营养价值与食用功效

酒酿甘辛温，含糖，有机酸，维生素B1、B2等。酒酿具有很高的食用和药用价值，是中老年人、孕产妇、身体虚弱人群补气养血的极佳食品，常吃能养颜、活血、散结消肿，同时可以健身暖胃、促进血液循环、丰胸、促进食欲、帮助消化、提神解乏、解渴消暑。

七、温馨小贴士

自制酒酿：

1. 500克糯米用冷水浸泡4小时捞出，上笼蒸30分钟后取出冷却至40℃。
2. 将20克酒曲捻碎备用。
3. 将冷却至40℃的糯米饭一层层铺在干净的砂锅中，每一层之间均匀地撒上酒曲。
4. 最后将糯米饭表面压一下，中间掏一个窝，撒一些凉开水，盖上砂锅盖后放在二十多摄氏度的室内发酵36小时后，取出放在冰箱中冷藏。

果香糍粑

口味香甜，水果味浓，是最受欢迎的选点心之一。

一、原料

1. **皮坯原料**：糯米 500 克。
2. **馅心原料**：动物奶油 100 克，果酱 100 克。
3. **辅助原料**：葡萄干 50 克。
4. **装饰原料**：芒果 1 个，草莓 50 克。

二、工艺流程

1. 糯米洗净放冷水中浸泡 2 小时后捞出，上笼锅蒸熟备用。
2. 葡萄干洗净，泡半小时后切粒；草莓洗净切丁；芒果去皮去核后切丁；奶油打发备用。
3. 蒸好的糯米饭中放葡萄干揉均匀后一分为二，平铺在干净的不锈钢盘底上，一份抹奶油，一份抹果酱，然后合在一起，切成菱形小块，表面用芒果丁和草莓丁点缀。

三、成品特点

口感软糯，味浓适口。

四、制作关键

1. 糯米要泡透，蒸好后不能太硬。
2. 要等糯米饭冷却后再抹奶油，不然奶油会融化。
3. 水果不能切得太大。

五、创新亮点

1. 改变了传统糯米饭的口感。
2. 口味香甜，水果味浓，是夏季优选点心之一。

六、营养价值与食用功效

糯米中含有蛋白质、脂肪、糖、钙、磷、铁、维生素 B2、多量淀粉等营养成分，可起到补中益气、养胃健脾、固表止汗、止泻、安胎、解毒疗疮等功效。

七、温馨小贴士

糯米不易消化，应控制进食的量，老人、小孩、脾胃虚弱者食用尤应注意。

鹅卵石汤团

利用腌菜作为馅心原料，增加馅心的农家风味。

一、原料

1. **皮坯原料**：水磨糯米粉500克，可可粉30克，冷水400克。
2. **馅心原料**：缸腌菜250克，瘦肉粒100克。
3. **调味原料**：白糖15克，葱姜末各15克，味精5克，色拉油50克，辣油20克，盐5克，水淀粉30克，蛋清1个。

二、工艺流程

1. 将500克水磨糯米粉加400克冷水调制成糯米面团，取三分之一加入30克可可粉调制成咖啡色面团。
2. 100克瘦肉粒加2克盐搅拌上劲，加入1个蛋清搅匀，再加10克水淀粉上浆。
3. 缸腌菜泡去咸味，切成细粒备用。
4. 上浆好的肉粒用四成油温滑熟备用。
5. 炒锅上火烧热用油滑锅，锅中留底油，放入葱姜末炒香后倒入腌菜粒煸炒，用白糖、盐、味精调味后，倒入滑熟的瘦肉粒炒匀，用水淀粉勾芡并淋上辣油后出锅冷透。
6. 白色面团擀成长方形放在保鲜膜上，咖啡色面团擀成与白色面团一样大小，平铺在白色面团上，提起保鲜膜将面团对折4次后，用快刀切成条，下10克一个的面剂。
7. 面剂搓圆中间捏窝，包入馅心后收口搓成鹅卵石形的生坯。
8. 生坯放入开水锅中煮熟即可。

三、成品标准

形似鹅卵石，花纹清晰，口感糯粘，味咸鲜香辣。

四、制作关键

1. 白色面团要大于咖啡色面团，否则汤圆花纹不清晰。
2. 用冷水调制面团，这样汤圆煮熟后光洁度好。
3. 两色面团折叠次数不能太多，否则汤圆无纹路。
4. 掌握汤圆煮制成熟的时间，不宜煮太久，通常煮开后点水三次即可。

五、创新亮点

1. 馅心创新：利用腌菜作为馅心原料，增加馅心的农家风味。
2. 皮坯创新：利用两色面团，通过折叠使面团呈现明显的条纹，美化点心外观。

六、营养价值与食用功效

糯米味甘、性温，入脾、胃、肺经，具有补中益气、健脾养胃、止虚汗的功效，适用于脾胃虚寒所致的反胃、食欲减少、泄泻和气虚引起的汗出、气短无力、妊娠腹坠胀等症，适宜肺结核、神经衰弱、病后产后之人食用。

七、温馨小贴士

糯米所含淀粉为支链淀粉，所以在肠胃中难以消化水解，患有胃炎、十二指肠炎等消化道炎症者应该少食，老人、小孩或病人也宜慎用。糯米制品无论甜咸，其碳水化合物和钠的含量都很高，体重过重或有糖尿病、其他慢性病（如肾脏病、高血脂）的人要尽量少吃。

包青天

利用乌饭树叶中的天然黑色素调制发酵面团，增加点心的特色和香味。

一、原料

1. **皮坯原料**：中筋面粉 500 克，乌饭水 250 克，酵母 5 克。
2. **馅心原料**：荠菜 500 克，鲜香菇 50 克，鲜冬笋 50 克。
3. **调味原料**：白糖 20 克，盐 8 克，麻油 50 克，味精 5 克，生姜米 5 克，熟芝麻 20 克。

二、工艺流程

1. 将 500 克面粉与 250 克乌饭水、5 克酵母混合调制成发酵面团。
2. 荠菜洗净入开水锅中烫熟捞起，用冷水冲凉后，用刀剁碎挤干水分备用。鲜冬笋切开入水锅中煮后捞起切碎，鲜香菇洗净切碎与冬笋末一起挤干水分备用。
3. 将荠菜、冬笋末、香菇末放入干净的容器中，加白糖、盐、生姜米、麻油、熟芝麻、味精调味成馅。
4. 发酵面团揉光滑，下 25 克一个的面剂，包入馅心成包青天生坯。
5. 生坯上笼醒透，旺火蒸 8 分钟成熟。

三、成品标准

皱褶均匀、大小一致、膨松美观、口味甜中带咸。

四、制作关键

1. 掌握好调制发酵面团的水温。
2. 面团不宜太软，否则包子容易坍塌。
3. 面团要反复揉透、揉光滑。
4. 生坯要充分醒透，否则蒸制后成品会发僵。

五、创新亮点

1. 皮坯创新：利用乌饭树叶中的天然黑色素调制发酵面团，增加点心的特色和香味。
2. 意境创新：皮坯黑色、馅心绿色，做成包子，取名"包青天"，与历史人物包拯的"包青天"称号相吻合。

六、营养价值与食用功效

乌饭树叶含有的槲皮素是一种天然的黄酮类化合物，具有广泛的生理活性及维生素 P 样作用，它不仅能降低血管的脆性和血脂，还可抗炎、抗过敏、抗药毒、抗氧自由基、抗肿瘤。叶中含有的 α-亚麻酸具有降低血压和血脂、抑制血小板聚集、减少血栓的功效。

七、温馨小贴士

面团发酵的最佳温度是 30℃左右。影响面团发酵的因素有发酵的环境温度、发酵时间的长短、面粉的质量、酵母的数量以及面团的软硬度。

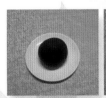

老鼠酥

造型上进行创新，制成老鼠形状。

一、原料

1. **皮坯原料**：水油面：中筋面粉 200 克，熟猪油
   30 克，水 125 克。
   干油酥：低筋面粉 200 克，熟猪油
   100 克，可可粉 10 克。
2. **馅心原料**：凤梨馅适量。
3. **辅助原料**：鸡蛋清、色拉油适量。
4. **装饰原料**：黑芝麻适量。

二、工艺流程

1. 将 200 克中筋面粉倒在案板上，中间开窝，加
   入熟猪油和水拌和，和成水油面；200 克低筋
   面粉加熟猪油擦制成干油酥，取五分之一加入
   可可粉擦成咖啡色干油酥；凤梨馅分剂搓成水
   滴状备用。
2. 用五分之四的水油面包入五分之四的干油酥起
   酥，进行两次三叠，排酥；剩下五分之一的水
   油面与咖啡色干酥油进行起酥、排酥。
3. 将白色酥面用模具压出老鼠酥的酥皮，刷蛋液，
   包裹馅心（顺着酥层纹路），收口。将咖啡色
   酥面用工具压出老鼠酥的耳朵，将耳朵一头稍
   捏，刷蛋液粘在老鼠头两边定型。用白色水油
   面切长条搓细粘在老鼠身体上作为老鼠尾巴，
   最后在眼睛处刷蛋液后粘上黑芝麻即成老鼠酥
   生坯。
4. 色拉油下锅，烧至 105℃左右，将生坯放在漏
   勺上下锅，待油温升高，生坯表面略硬时开大
   火炸至成熟后沥油，最后吸油装盘。

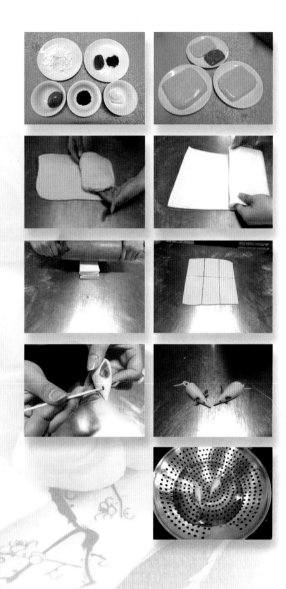

三、成品标准

酥层清晰，造型逼真，色泽洁白。

四、制作关键

1. 水油面、干油酥的比例要恰当。
2. 排酥斜切时不能太薄。
3. 制作耳朵时酥皮厚度要适中，并刷好蛋液。
4. 油温不能太高，否则影响成品色泽。

五、创新亮点

造型上进行创新，制成老鼠形状。

六、营养价值与食用功效

凤梨含有大量的果糖、葡萄糖、维生素 B、维生
素 C 等，具有清热解暑、生津止渴、利小便的功效；
凤梨中还含有大量的纤维素，可促进肠胃蠕动，
防止便秘，具有美容、美颜和预防肠癌的功效。

七、温馨小贴士

制作明酥时，在起酥的过程中要尽量少撒干面粉。
干面粉多了一方面酥层结合不紧密，成品容易散；
另一方面成品表面会有小颗粒，影响美观。

榴莲味香酥

榴莲肉与奶制品混合均匀后成为榴莲馅，馅口感细腻，榴莲特有的香味适中，老少皆宜。

一、原料

1. **皮坯原料**：中筋面粉 500 克，蛋黄 1 个，盐 2 克，白糖 20 克，黄油 20 克，水 250 克，起酥油 250 克。
2. **馅心原料**：鸡蛋 500 克，白糖 100 克，奶粉 20 克，吉士粉 15 克，高筋面粉 25 克，澄粉 10 克，黄油 90 克，水 130 克，炼乳 50 克，榴莲肉 200 克。
3. **装饰原料**：蕃茜、草莓适量。

二、工艺流程

1. 调制馅心：水、炼乳、黄油、白糖隔水加热并搅拌均匀，冷却后加入鸡蛋搅拌均匀，再加入粉料（奶粉、吉士粉、高筋面粉、澄粉）搅拌均匀，倒入大小适中的铁制容器，上笼大火蒸制 30 分钟，冷却后与榴莲肉搅拌均匀即为榴莲馅，放入冰箱冷冻，备用。
2. 调制水油面团：中筋面粉、盐、白糖、黄油混匀后加入蛋黄、水调制成软硬适中、光滑均匀的面团，再整形成长方块状，放冰箱冷冻，备用。
3. 包酥：水油面团的软硬度和起酥油的软硬度一致时，把起酥油整形成水油面块的一半大，放置于水油面块一半的位置，对折包起，四周用手指捏紧。
4. 开酥：用走槌将包酥后的面块擀薄，形状为长方形，厚度为 3 毫米，三折后再擀成厚薄为 3 毫米的长方形，如此反复三次（3×3×3），最后擀成厚薄均匀的 3 毫米厚的长方形面片。
5. 成型：用圆形带花边的卡模卡出圆形面片 20 张，将圆形面片放入蛋挞模具中按紧，按实，放入榴莲馅制成生坯。
6. 放入烤箱，用上火 190℃、下火 200℃烘烤 15 分钟即可。
7. 装饰：表面用蕃茜和草莓点缀。

三、成品标准

色泽金黄，酥松可口，榴莲飘香。

四、制作关键

1. 调制馅心时，在大火蒸制过程中要三次搅拌馅心，使馅料充分混合均匀，与榴莲肉混合均匀前要把榴莲肉的茎、籽去除干净，可使馅心口感更为细腻。
2. 开酥时要控制好走槌，擀制时用力要均匀适中。

五、创新亮点

榴莲肉与奶制品混合均匀后成为榴莲馅，馅心口感细腻，榴莲特有的香味适中，老少皆宜。

六、营养价值与食用功效

榴莲含有丰富的蛋白质、脂肪、碳水化合物和纤维素，另外还含有维生素 A、维生素 B、维生素 C、维生素 E、叶酸、烟酸以及无机元素钙、铁、磷、钾、钠、镁、硒等，是一种营养密度高且均衡的热带水果，具有滋阴壮阳、增强免疫力、治疗痛经、开胃促食欲、通便治便秘、防治高血压、防癌抗癌的功效。

七、温馨小贴士

烤制中前 10 分钟不可打开烤箱，后 5 分钟要观察制品表面颜色，保持受热均匀，色泽均匀。

蜜之果

用奶油巧克力芝士馅代替传统的植物奶油馅，更健康美味。

一、原料

1. **皮坯原料**：水磨糯米粉 250 克，水磨粘米粉 50 克，生粉 10 克，椰浆 100 克，牛奶 200 克，白糖 100 克。
2. **馅心原料**：牛奶 200 克，白糖 75 克，吉利丁片 10 克，蛋黄 30 克，奶油芝士 300 克，动物奶油 400 克，黑巧克力 100 克，草莓 10 颗。

二、工艺流程

1. 水磨糯米粉、水磨粘米粉、生粉、白糖混匀后加入椰浆、牛奶调制成稀糊，倒入方盘中，上笼大火蒸 20 分钟至熟透。
2. 吉利丁片用常温水泡软泡透；动物奶油搅打至膨松状态；牛奶、奶油芝士隔水加热至奶油芝士慢慢溶解，加入白糖搅拌至白糖溶化，再加入泡软泡透的吉利丁片搅拌至溶化，然后加入融化的黑巧克力搅拌均匀，稍冷却，接着加入蛋黄搅拌均匀，最后与打发好的动物奶油抄拌均匀，装入裱花袋。
3. 将蒸熟的粉团取出晾凉，揉擦均匀，下 30 克一个的剂子，制成圆形皮子放在蛋挞模具上。
4. 挤入适量奶油巧克力芝士馅，在中间处放置 1 颗草莓，向下压到合适位置，再填入适量奶油巧克力芝士馅封口，放冰箱冷冻至软硬适中。
5. 一切为二，切口处露出草莓切面，摆盘。

三、成品标准

色泽洁白，芝士味浓。

四、制作关键

1. 调制奶油巧克力芝士馅时可用细筛过滤一下，这样调制出的馅料更加细腻。
2. 擀制圆形面皮时可用糖粉当手粉，防止粘黏。
3. 放置草莓时要掌握好高度，使草莓位于正中央，这样切口更美观。
4. 制品要冷冻至切割不会变形的软硬度。

五、创新亮点

用奶油巧克力芝士馅代替传统的植物奶油馅，更健康美味。

六、营养价值与食用功效

草莓营养丰富，含有果糖、蔗糖、柠檬酸、苹果酸、水杨酸、氨基酸以及钙、磷、铁等矿物质，具有润肺生津、清热凉血、健脾解酒等功效。牛奶所含的碳水化合物中最丰富的是乳糖，可使钙易于被吸收；牛奶中含有品质很好的蛋白质，包括酪蛋白、少量的乳清蛋白；牛奶中包含人体生长发育所需的全部氨基酸。

七、温馨小贴士

可根据个人喜好选择其他水果代替草莓。

水晶粽

用西米包出的粽子口感Q弹，还呈透明状。

一、原料

1. **皮坯原料**：小西米 200 克，白糖 15 克，玉米油 10 克。
2. **馅心原料**：奶黄馅 50 克。
3. **辅助原料**：粽叶 30 张，绳子若干。

二、工艺流程

1. 将小西米冲洗一下，锅中加水烧开，倒入小西米搅拌一下，盖上锅盖关火焖 15 分钟，焖好后倒入漏筛中，用冷水冲凉，滤干水。
2. 将滤干水的小西米倒入盆内，放入白糖和玉米油拌匀待用。
3. 将事先准备好的奶黄馅分成小剂子搓圆。
4. 粽叶清洗干净并焯水后冲凉，修剪去头尾，开始包粽子，两张粽叶卷起成锥形，放入一部分西米，加入馅心后再放入一部分西米，包裹紧实，用绳子扎好即成生坯。
5. 包好的粽子冷水下锅，水开后改小火煮 10 分钟，关火盖在锅里焖熟即可。

三、成品标准

大小均匀、晶莹透明、清香可口。

四、制作关键

1. 西米煮制时间不能太长，否则会黏糊，不便于后面的操作，也会影响口感。
2. 粽叶包裹一定要紧。

五、创新亮点

原料创新：用西米包出的粽子口感 Q 弹，还呈透明状。

六、营养价值与食用功效

西米有健脾、补肺、化痰的功效，有治脾胃虚弱和消化不良的作用，适宜体质虚弱、产后病后恢复期、消化不良、神疲乏力之人食用；西米还有使皮肤恢复天然润泽的功效。

七、温馨小贴士

西米是一种加工处理的淀粉制品，所以糖尿病人不宜多食。

鸡腿菇酥

运用两种起酥方法，进行造型创新。

一、原料

1. **皮坯原料**：水油面：中筋面粉 300 克，熟猪油 35 克，水 145 克。
   干油酥：低筋面粉 300 克，熟猪油 160 克，可可粉 15 克。
2. **馅心原料**：枣泥馅适量。
3. **辅助原料**：鸡蛋清、色拉油适量。
4. **装饰原料**：黑芝麻适量。

二、工艺流程

1. 将 300 克中筋面粉倒在案板上，中间开窝，加入熟猪油和水拌和，和成水油面；将 300 克低筋面粉加 160 克熟猪油擦制成干油酥；取六分之一的干油酥，加入可可粉，反复擦匀成咖啡色干油酥；枣泥馅分剂搓成长水滴状备用。
2. 用五分之四的水油面包入白色干油酥起酥，进行两次三叠，排酥；剩下的水油面包入咖啡色干油酥起酥，进行一次四叠，然后擀薄喷水，再均匀卷起成直径 1 厘米的长条，切片。
3. 用模具在白色酥面上压出鸡腿菇酥的酥皮，刷蛋液，包裹馅心（顺着酥层纹路），收口成长水滴状，即为鸡腿菇柄。
4. 将咖啡色卷酥略擀，刷蛋液后粘到鸡腿菇柄细的一端，粘紧。
5. 最后在鸡腿菇柄粗的一端刷蛋液粘上黑芝麻即成鸡腿菇酥生坯。
6. 色拉油下锅，烧至 105℃左右，将生坯放在漏勺上下锅，待油温升高，生坯表面略硬时开大火炸至成熟后沥油，最后吸油装盘。

三、成品标准

酥层清晰，造型逼真。

四、制作关键

1. 水油面、干油酥的比例要恰当。
2. 排酥斜切时不能太薄。
3. 粘卷酥时一定要粘紧粘牢，否则成熟后易分离。
4. 油温不能太高，否则影响成品色泽。

五、创新亮点

运用两种起酥方法，进行造型创新。

六、营养价值与食用功效

大枣能提高人体免疫力并可抑制癌细胞；能促进白细胞的生成，降低血清胆固醇，提高血清白蛋白，保护肝脏。大枣中维生素 P 的含量为所有果蔬之冠，其具有维持毛细血管通透性，改善微循环从而预防动脉硬化的作用。大枣还具有调节人体代谢、增强免疫力、抗炎、降低血糖和胆固醇含量等作用，其所含芦丁有保护毛细血管通畅、防止血管壁脆性增加的作用。

七、温馨小贴士

过多食用大枣会引起胃酸过多和腹胀。腐烂的大枣在微生物的作用下会产生果酸和甲醇，食用后会出现头晕、视力障碍等中毒反应，重者可危及生命，所以腐烂的大枣不能食用。

Innovative
Pastry

乡土农家点心篇

糟油春饼

使用传统手工擀制面坯，面坯经过烙至半熟处理，使煎制成熟的成品口感更脆。

一、原料

1. **皮坯原料**：中筋面粉 250 克，冷水 100 克，碱水 5 克。
2. **馅心原料**：猪瘦肉 300 克，春笋丝 100 克，韭菜 100 克。
3. **调味原料**：白糖 15 克，盐 12 克，料酒 15 克，蛋清 2 个，味精 5 克，生粉 20 克，水淀粉 50 克，糟油 50 克，色拉油 1000 克。

二、工艺流程

1. 将 250 克面粉置于案板上，中间开窝倒入 100 克冷水、5 克碱水，调制成硬面团，用干净的湿布盖上醒面 15 分钟后，揉光滑备用。
2. 将面团揉成长方形，擀至能见到案板木纹的薄片，用刀改成长 30 厘米、宽 15 厘米的面坯。
3. 面坯放入平底锅中，用中小火将两面烙至半熟，取出用干净的湿布盖上，使其回软。
4. 猪瘦肉切丝，用 8 克盐、料酒、蛋清、生粉上浆。
5. 炒锅上火烧热，用适量色拉油滑锅后，倒入 1000 克色拉油烧至四成热，将上浆好的肉丝放入锅中滑油，然后倒入漏勺中沥油。锅中留少量底油，放入春笋丝煸炒，加适量高汤，用糖、4 克盐、味精调味后，倒入滑熟的猪肉，用水淀粉勾芡。倒入干净的不锈钢方盘中冷却后，将韭菜洗净切碎与之拌匀成馅。
6. 面坯平铺在案板上，放上馅心后将面坯两端向内折，包成长 20 厘米、宽 6 厘米的春饼生坯。
7. 平底锅上火烧热，锅中淋少量油后放入春饼生坯，用中小火将两面煎黄，改刀装盘，配上糟油蘸食。

三、成品标准

成品改刀呈正方形，色泽金黄，外皮酥脆，馅心鲜香可口。

四、制作关键

1. 准确掌握面粉的掺水量，要求调制成硬面团。
2. 面团中加入少量的碱水可使成品更加脆香。
3. 面坯擀制要薄，擀制好后要烙至半熟，否则不易煎熟、煎脆。
4. 面坯煎至半熟后，要用干净的湿布包好使其回软，否则不利于包制成形。

五、创新亮点

1. 使用传统手工擀制面坯，面坯经过烙至半熟处理，使煎制成熟的成品口感更脆。
2. 馅心配以春笋、韭菜，味道清淡、鲜香，诱人食欲。

六、营养价值与食用功效

春笋味道清淡鲜嫩，营养丰富，含有充足的水分、丰富的植物蛋白以及钙、磷、铁等人体必需的营养成分和微量元素，特别是纤维素含量很高，常食有帮助消化、防止便秘的功效。另外，春笋还具有明目、健脾、养颜护肤的作用。所以春笋是高蛋白、低脂肪、低淀粉、多粗纤维素的营养食品。

七、温馨小贴士

口碱在面点制作中具有一定的作用，如保色、增加面团的筋力、辅助发酵、增加香味、起脆、增加滑润感等，但碱对面点中的维生素具有一定的破坏作用，因此在面点制作中应慎用碱。

挂面煎饼

使用挂面作为煎饼的皮坯，由于挂面属于干制品，含水量少，制作的饼坯口感更脆。

一、原料

1. **皮坯原料**：挂面 500 克。
2. **馅心原料**：青椒末 30 克，黄瓜末 100 克。
3. **调味原料**：麻油 15 克，豆瓣酱 20 克，生抽 10 克，色拉油适量。
4. **辅助原料**：鸡蛋 3 个。

二、工艺流程

1. 豆瓣酱加生抽、麻油搅拌均匀后再加入青椒末、黄瓜末拌入味，即成拌料。
2. 挂面煮至七成熟，捞出用水冲凉，用色拉油拌均匀。
3. 平底锅上火加热，放入适量色拉油，放入挂面，用小火煎。
4. 鸡蛋打开放到碗里打散，均匀倒入面条里，小火慢煎至面条底面焦脆。
5. 表面刷油，翻过挂面煎饼继续煎另一面，煎好后再反过来把调好的酱料均匀抹在煎饼上。
6. 从中间折合，再煎一两分钟，出锅后切成块状即可。

三、成品标准

大小均匀，外脆内软，清香可口。

四、制作关键

1. 掌握煮制面条的成熟度，面条煮至七成熟即可。
2. 边煎边倒蛋液，煎至面条呈均匀的金黄色。

五、创新亮点

1. 口感创新：使用挂面作为煎饼的皮坯，由于挂面属于干制品，含水量少，制作的饼坯口感更脆。
2. 口味创新：使用豆瓣酱调味，口味咸、鲜、辣，更具农家风味且制作简便，适合家庭制作。

六、营养价值与食用功效

挂面（不添加辅料）的主要营养成分有蛋白质、脂肪、碳水化合物等。添加辅料的挂面，营养成分随辅料的品种和配比而异。挂面易于消化吸收，有改善贫血、增强免疫力、平衡营养吸收等功效。黄瓜和青椒均富含维生素 C，具有提高人体免疫功能的作用，黄瓜还有促进人体新陈代谢、抗衰老的功效。

七、温馨小贴士

黄瓜适宜热病患者以及肥胖、高血压、高血脂、水肿、癌症、嗜酒者多食，并且是糖尿病人首选的食品之一。脾胃虚弱、腹痛腹泻、肺寒咳嗽者应少吃，因黄瓜性凉，胃寒患者食之易致腹痛泄泻。

小葱豆腐卷

使用乡村石磨盐卤老豆腐、散养草鸡蛋和自然环境中生长的小香葱制馅，原汁原味。

一、原料

1. **皮坯原料**：高筋面粉 500 克，酵母 5 克，温水 250 克。
2. **馅心原料**：草鸡蛋 500 克，熟胡萝卜粒 50 克，熟青豆粒 30 克，盐卤老豆腐 500 克。
3. **调味原料**：盐 8 克，糖 10 克，麻油 15 克，小香葱花 10 克。

二、工艺流程

1. 面粉与酵母混匀后加温水调制成软硬适中的发酵面团。
2. 豆腐切粒入开水锅焯水；鸡蛋打开放入碗中，加 4 克盐，用筷子打散，入平底锅中摊成蛋皮，将蛋皮切成粒备用。
3. 将豆腐粒、鸡蛋粒、熟胡萝卜粒、熟青豆粒、小香葱花、盐、白糖、麻油放在干净的容器中拌匀成馅。
4. 面团揉光滑，下 25 克一个的面剂，擀成 12 厘米的圆皮，包入馅心卷成筒状，两端按实成豆腐卷生坯。
5. 生坯醒发后上笼蒸熟，改刀装盘。

三、成品标准

卷粗细、长短均匀，色泽洁白，味鲜香。

四、制作关键

1. 要选用盐卤老豆腐。
2. 上馅时要上成条状，卷时要卷紧，不能漏馅。
3. 掌握生坯醒发的程度。

五、创新亮点

使用乡村石磨盐卤老豆腐、散养草鸡蛋和自然环境中生长的小香葱制馅，原汁原味。

六、营养价值与食用功效

豆腐营养丰富，常吃对健康有一定的益处：
1. 更年期的"保护神"，有效降低患骨质疏松、乳腺癌和前列腺的发生几率。
2. 预防心血管疾病。
3. 抗血栓。
4. 有益于大脑的生长发育。

七、温馨小贴士

1. 痛风病人和血尿酸浓度增高的患者忌食豆腐。
2. 胃寒者和易腹泻、腹胀、脾虚者以及常出现遗精的肾亏者也不宜多食豆腐。
3. 老年人和肾病、缺铁性贫血、动脉硬化患者更要控制豆腐食用量。

山韭菜盒

农家菜盒一般比较粗旷，呈大饺子形，而此款点心在选料上采用农家原料，但工艺制作上比较精细，制成花边盒子形。

一、原料

1. **皮坯原料**：中筋面粉 500 克。
2. **馅心原料**：鸡蛋 250 克，韭菜 400 克。
3. **调味原料**：盐 10 克，味精 5 克，色拉油 150 克，麻油 30 克。
4. **辅助原料**：韭菜汁 250 克。

二、工艺流程

1. 面粉与韭菜汁混合，调制成软硬适中的面团。
2. 韭菜用麻油拌匀，加盐、味精调味备用；鸡蛋打开放入碗中，加盐打散，锅烧热用色拉油滑锅，将鸡蛋摊成饼，切粒后与调好味的韭菜混合均匀成馅。
3. 面团揉匀、揉透，下 15 克一个的剂子，擀成直径为 9 厘米的圆形面皮，在一张面皮上放入馅心，另一张面皮盖在馅心上，将两张面皮的四周对齐捏紧并绞上花边成生坯。
4. 用油炸或煎成金黄色均可。

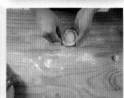

三、成品标准

色泽翠绿中带金黄，大小均匀，香鲜可口。

四、制作关键

1. 韭菜调味时，应先用油拌匀再加盐调味，否则韭菜容易吐水。
2. 皮要擀得薄些，制品要求皮薄、馅多，若皮厚则难以成熟。
3. 掌握好煎制或炸制成熟的火候，不能煎煳或炸煳而影响风味。

五、创新亮点

1. **皮坯创新**：选用韭菜汁调制面团，增加了点心的色泽、香味和营养价值。
2. **原料生态**：选择农家种植的乡野韭菜，不仅原生态，而且味道好。
3. **造型创新**：农家菜盒一般比较粗犷，呈大饺子形，而此款点心在选料上采用农家原料，但工艺制作上比较精细，制成花边盒子形。

六、营养价值与食用功效

韭菜性温，可祛寒散淤、滋阴壮阳，对男子遗尿、阳痿、遗精、早泄等症，妇女行经小腹冷痛、产后乳汁不通等症有辅助疗效；其所含的大量维生素和矿物质可以辅助治疗夜盲症、干眼病、皮肤粗糙以及便秘等症，也具有预防癌症复发、减少肠道对油脂性物质的吸收和减肥的功效。

七、温馨小贴士

阴虚但内火旺盛、胃肠虚弱但体内有热、患溃疡病、眼疾者应慎食韭菜；炒熟的韭菜隔夜忌食；夏季不宜多食韭菜；韭菜忌与蜂蜜、牛肉同食。

麻香雪菜凉团

凉团一般以甜馅居多，本款点心选用雪菜制馅，馅心原料比较粗犷，在调味上体现麻、辣、鲜，符合农家乡野气息。

一、原料

1. **皮坯原料**：水磨糯米粉300克，粳米粉200克。
2. **馅心原料**：雪菜梗200克，熟肥瘦火腿50克，开洋25克，松仁13克。
3. **调味原料**：猪油50克，麻油13克，白糖20克，料酒13克，味精3克，姜末15克，花椒油13克，水淀粉50克。
4. **辅助原料**：熟黑芝麻200克。
5. **装饰原料**：熟瓜子仁少许。

二、工艺流程

1. 水磨糯米粉和粳米粉和成厚糊状上笼蒸熟备用。
2. 雪菜梗洗净切细粒，开洋洗净用油炸香后切成末，火腿切细末，松仁炒香后切成粗粒。
3. 旺火热锅后加猪油，投入姜末、雪菜粒炒透，烹入料酒，加入白糖、味精、开洋末、火腿末一起炒匀，调好味后加花椒油、麻油抄拌匀，勾芡成馅后倒入盘中冷却，撒上松仁粒拌匀即可。
4. 用粉团包馅心后，收口压扁并滚粘上熟黑芝麻末，在表面用熟瓜子仁点缀装饰即可。

三、成品标准

吃口软糯，馅心香麻。

四、制作关键

1. 水磨糯米粉和粳米粉的比例要正确，水不能太多，水多则粉团黏软不易成型。
2. 粉团蒸熟后要用手蘸冷开水，将粉团揉至不粘手。
3. 馅料切得要尽量小，卤汁要包紧。

五、创作亮点

凉团一般以甜馅居多，本款点心选用雪菜制馅，馅心原料比较粗犷，在调味上体现麻、辣、鲜，符合农家乡野气息。

六、营养价值与食用功效

雪菜具有解毒消肿、开胃消食、温中利气、明目利膈的功效，主治疮痈肿痛、胸膈满闷、咳嗽痰多、耳目失聪、牙龈肿烂、便秘等病症。

七、温馨小贴士

雪菜腌制初期会产生较多的亚硝酸盐，最好不要食用，一般腌制15天以后才能食用。

香煎草二饼

利用新鲜的乡野蔬菜制作馅心，制馅时不加盐、糖、味精、油等调味品，而是利用浸泡于糟油中的方法使其入味，保持了原料本身的清香味。

一、原料

1. **皮坯原料**：水磨糯米粉 180 克，澄粉 40 克，
   熟山药泥 300 克。
2. **馅心原料**：草头 250 克。
3. **调味原料**：糟油 100 克。
4. **辅助原料**：色拉油 100 克。

二、工艺流程

1. 草头洗净后焯水，用冷水冲凉，挤干水分
   后稍切碎，放入到糟油中浸泡入味。
2. 将入味后的草头捞出挤干成馅。
3. 熟山药泥加糯米粉、澄粉调制成光滑的粉
   团。
4. 下剂、包馅（皮 25 克、馅 15 克），搓成
   长圆形，按扁成椭圆形小饼生坯。
5. 平底锅中放色拉油，将生坯煎至两面金黄
   即可。

三、成品标准

糟香味浓，色泽金黄，软糯可口。

四、制作关键

1. 草头一定要浸泡在糟油中，使之入味。
2. 用山药泥作为粉团调制介质，不需要加水。
3. 掌握掺粉的比例，做到成品软糯恰当。

五、创新亮点

利用新鲜的乡野蔬菜制作馅心，制馅时不加
盐、糖、味精、油等调味品，而是利用浸泡
于糟油中的方法使其入味，保持了原料本身
的清香味。

六、营养价值与食用功效

山药清热解毒，可用于治外感发热咳嗽、肠
炎、菌痢、麻疹、腮腺炎、败血症、疮疖肿毒、
阑尾炎、外伤感染、小儿痱毒。山药制成凉茶，
可预防中暑、感冒及肠道传染病。

七、温馨小贴士

麻疹后、疮疖、目疾者不宜食。

蜂蜜红薯

使用普通原料，以刀工美化使其更精致，加入蜂蜜则更具营养。

一、原料

1. **皮坯原料**：红薯 500 克。
2. **调味原料**：白糖 150 克，蜂蜜 50 克，桂花 5 克。
3. **辅助原料**：水 750 克。

二、工艺流程

1. 红薯洗净去皮，削成橄榄形。
2. 白糖放入锅中，用中小火熬成糖色，加水烧开过滤。
3. 将橄榄形红薯放入糖水中并撒上桂花，上笼蒸 20 分钟至酥烂。
4. 装入碗中，加入蜂蜜即可。

三、成品标准

口味香甜软糯。

四、制作关键

1. 熬制糖色时要控制好火候，不能熬出焦味。
2. 掌握好红薯蒸制的时间，不能蒸太久，要保持红薯形态的完整。
3. 红薯制成橄榄形时，大小、形态要一致。

五、创新亮点

使用普通原料，以刀工美化使其更精致，加入蜂蜜则更具营养。

六、营养价值与食用功效

红薯中含有多种人体需要的营养物质，其中维生素 B1 和 B2 的含量分别比大米中的高 6 倍和 3 倍。红薯有抗癌作用，有益于心脏，可预防肺气肿，有抗糖尿病、减肥、美容等功效，有"长寿食品"之誉。

七、温馨小贴士

红薯含一种氧化酶，这种酶容易在人的胃肠道里产生大量二氧化碳气体，如红薯吃得过多，会使人腹胀、打嗝、放屁。此外，红薯里含糖量高，吃多了可产生大量胃酸，使人感到"烧心"。

西葫芦文蛤饼

海鲜和蔬菜同时使用，既注意营养的搭配，也是菜点结合。

一、原料

1. **皮坯原料**：中筋面粉 250 克，鸡蛋 1 个。
2. **馅心原料**：文蛤 1000 克，西葫芦 1 根。
3. **调味原料**：葱花、姜末各 20 克，料酒 10 克，盐 6 克。
4. **辅助原料**：色拉油少量。

二、工艺流程

1. 文蛤去壳，洗净泥沙并沥干水分后切碎，加入葱花、姜末，再加料酒拌匀。
2. 西葫芦洗净去瓤，切成粒状待用。
3. 将面粉倒入盆内，加入拌好的文蛤肉、切好的西葫芦，再加鸡蛋和盐拌匀（如太干，可加少量水）。
4. 平底锅加少量色拉油，加热，用勺子将面糊舀入锅中煎制，两面煎成金黄色即可出锅。
5. 改刀成菱形块，装盘即可。

三、成品标准

两面金黄，外脆内嫩，鲜香可口。

四、制作关键

1. 调制面糊时要稀稠适中，若干可加少量水。
2. 煎制时油温不宜过高，否则表面易糊，里面却没有完全成熟。

五、创新亮点

海鲜和蔬菜同时使用，既注意营养的搭配，也是菜点结合。

六、营养价值与食用功效

1. 文蛤味甘、咸，性微寒，有清热利湿、化痰、散结的功效，对肝癌有明显的抑制作用，对哮喘、慢性气管炎、甲状腺肿大、淋巴结核等病也有明显疗效。
2. 食用文蛤有润五脏、止消渴、健脾胃、治赤目、增乳液的功效。

七、温馨小贴士

文蛤清洗方法：挑选鲜活的文蛤，先用清水淘洗几遍，直到水不发浑为止；然后以每 5 千克水加 200 克盐的比例兑好盐水，这里的盐可以用食用盐，但用海盐效果更好；等盐粒完全溶解后，将文蛤倒入，水要没过文蛤；在水里加入几滴食用油，用筷子搅开，待半小时后文蛤就会伸出舌头四处喷水了，大约 2 个小时后，文蛤体内的泥沙就会吐得很干净。

酸奶山楂糕

山楂酸度较强，具有消积和助消化的作用，利用山楂的这一特性。在制作山楂糕中加入一定数量的糖，可以调节山楂的酸甜度，并通过冷冻使人胃口大开。

一、原料

1. **皮坯原料**：新鲜山楂 500 克。
2. **调味原料**：柠檬汁少许，桂花酱少许，冰糖 200 克。
3. **辅助原料**：果冻粉 210 克，水 1000 克。
4. **装饰原料**：动物奶油 100 克。

二、工艺流程

1. 新鲜山楂洗净放入水锅中，加 200 克冰糖用中火将山楂煮熟、煮烂。
2. 将熟山楂用细筛擦成山楂泥备用。
3. 煮山楂的糖水过筛，放入锅中，加山楂泥调成山楂汁，再加柠檬汁、桂花酱、果冻粉，一起上火熬至果冻粉溶化，继续煮开后倒入模具中，放冰箱冷冻。
4. 将冻好的山楂糕倒出模具，在糕的表面淋上动物奶油点缀即可。

三、成品标准

呈玫瑰色彩，口感爽滑细腻，酸甜冰凉。

四、制作关键

1. 掌握好山楂汁和果冻粉的比例。
2. 控制好煮制山楂汁的火候，不能有煳味而影响口味。
3. 山楂汁煮开后要撇去表面的浮沫，以免影响山楂糕的色泽和美观度。

五、创新亮点

山楂酸度较强，具有消积和助消化的作用，利用山楂的这一特性，在制作山楂糕时加入一定数量的冰糖，可以调节山楂的酸甜度，并通过冷冻使人胃口大开。

六、营养价值与食用功效

1. 山楂具有养颜瘦身、防衰老、抗癌的作用。
2. 山楂具有降压、降脂、抗氧化、增强免疫力的功效。
3. 山楂具有养肝去脂和活血化瘀的作用。
4. 山楂营养价值高，蛋白质含量高且维生素含量丰富。

七、温馨小贴士

孕妇、儿童、胃酸分泌过多者、病后体虚及患牙病者不宜食用山楂。

百果蜜糕

口味丰富，利用多种果仁原料掺和在一起制作凉糕，使口味更独特。

一、原料

1. **皮坯原料**：水磨糯米粉 450 克，粳米粉 300 克。
2. **馅心原料**：山楂、糖冬瓜、青梅各 50 克，蜜枣 80 克，松子仁、瓜子仁各 25 克。
3. **调味原料**：白糖 250 克。
4. **辅助原料**：麻油 100 克，水 700 克，色拉油 500 克。

二、工艺流程

1. 松子仁、瓜子仁用油炸熟、炸香备用。
2. 其他果料用凉开水洗净，切成丁备用。
3. 水磨糯米粉、粳米粉掺和均匀，加水调和成较厚的粉团，上笼蒸熟。
4. 将熟粉团倒在干净的案板上，趁热擦揉进白糖和各种辅料，使之完全融合在一起，放在抹有麻油的不锈钢盘中压扁、压平，待冷却后改刀（三角形形块）或用模具造型上桌。

三、成品标准

色泽分明，口感软糯，果香味浓。

四、制作关键

1. 掌握好粉料掺和的比例。
2. 在操作中要蘸适量的冷开水和麻油以防止黏手。
3. 糕制作好后两面抹上麻油，放置在不锈钢方盘中，便于改刀成型。
4. 熟糕粉团要与果仁拌和均匀，搓透至光滑。

五、创新亮点

口味丰富，利用多种果仁原料掺和在一起制作凉糕，使口味更独特。

六、营养价值与食用功效

1. 各种果料能开胃、消食、提高营养价值。
2. 糯米粉、粳米粉互相掺和，使蛋白质起到互补的作用。
3. 有提高免疫力、防癌抗癌、开胃消食、降血脂、止泻、抗衰老作用。
4. 有润肤美容、预防心血管疾病、润肠通便、预防痴呆作用。

七、温馨小贴士

需控制进食的量，老人、小孩、脾肾虚弱者尤应注意。

香酥金糕

利用黄油和椰浆调制玉米粉，使成品口感细腻，更好吃。

一、原料

1. **皮坯原料**：玉米粉100克，水磨糯米粉30克，粳米粉20克，黄油25克，椰浆30克，水35克。
2. **馅心原料**：奶黄馅50克。
3. **辅助原料**：色拉油50克。

二、工艺流程

1. 玉米粉加黄油、椰浆及水和成稀糊状，拌入糯米粉、粳米粉揉成粉团。
2. 粉团下剂，分别包入奶黄馅，按扁成饼状。
3. 平底锅上火烧热，放入色拉油后再放入玉米饼坯，用中小火煎至两面呈金黄色即成。

三、成品标准

甜香可口，椰味浓郁。

四、制作关键

1. 掌握好粉团调制的软硬度。
2. 馅心不能太稀。
3. 掌握好火候，用中小火煎制。

五、创新亮点

1. 利用黄油和椰浆调制玉米粉，使成品口感细腻，更好吃。
2. 粗粮细作，乡土气息极浓。

六、营养价值与食用功效

1. 玉米的亚油酸含量较高，对冠心病、动脉粥样硬化、高脂血症及高血压等都有一定的预防和治疗作用，还有利尿、降压、利胆、降血糖、防止便秘、美肤护肤、预防肿瘤的作用。
2. 可补充人体细胞内液，增强新陈代谢，并能扩充血容量，提高人体的抗病能力。

七、温馨小贴士

1. 玉米＋草莓可防黑斑和雀斑。
2. 玉米＋松子可辅助治疗脾肺气干咳少痰、皮肤干燥。
3. 玉米＋洋葱可生津止渴、降血压、降血脂、抗衰老。

四色汤圆

传统汤圆以甜味馅的居多，也有咸味馅的。本款汤圆在制作工艺上进行创新，用四种颜色的粉团分别包入四种馅心，丰富汤圆的色泽和口味，成品色泽悦目、营养丰富。

一、原料

1. **皮坯原料**：水磨糯米粉 400 克，水磨粘米粉 100 克。
2. **馅心原料**：黑芝麻馅 50 克，牛肉馅 50 克，荠菜肉馅 50 克，豆沙馅 50 克。
3. **辅助原料**：水 100 克，南瓜泥 200 克，紫薯泥 150 克，绿色蔬菜汁 200 克。

二、工艺流程

1. 将粘米粉、糯米粉混合均匀分四份，分别加入水、南瓜泥、紫薯泥、绿色蔬菜汁调制成四色粉团备用。
2. 分别揉光滑，搓条，下 8 克一个的面剂，每种颜色包一种馅，搓圆成汤圆生坯。
3. 汤圆入开水锅中煮熟，捞起装入碗中。

三、成品标准

口感软糯，味鲜而不腻。

四、制作关键

1. 掌握好掺粉的比例。
2. 掌握好粉团调制的软硬度。
3. 用冷水调制粉团，成品光泽度好。

五、创新亮点

传统汤圆以甜味馅的居多，也有咸味馅的。本款汤圆在制作工艺上进行创新，用四种颜色的粉团分别包入四种馅心，丰富汤圆的色泽和口味，成品色泽悦目、营养丰富。

六、营养价值与食用功效

荠菜中含有丰富的维生素 C，可防止硝酸盐和亚硝酸盐在消化道中转变成致癌物质亚硝胺，可预防胃癌和食管癌；含有大量的粗纤维，食用后可增强大肠蠕动，促进排泄，从而增进新陈代谢，有助于防治高血压、冠心病、肥胖症、糖尿病、肠癌及痔疮等；含有丰富的胡萝卜素，胡萝卜素为维生素 A 原，是治疗干眼病、夜盲症的有益食物。

七、温馨小贴士

荠菜所含的荠菜酸是有效的止血成分，能缩短出血及凝血时间。

黑糖糕

在米粉中加入少量的面粉发酵，粉浆处于半发酵状态，品既有发酵面团的膨松感，有米粉团的黏实感。

一、原料

1. **皮坯原料**：中筋面粉 60 克，水磨糯米粉 60 克，水磨粘米粉 240 克。
2. **调味原料**：黑糖 200 克，枣泥 100 克。
3. **辅助原料**：泡打粉 20 克，水 200 克。
4. **装饰原料**：朱古力针适量。

二、工艺流程

1. 将粘米粉、糯米粉、面粉、泡打粉混合过筛备用。
2. 黑糖与水、枣泥一起煮沸至稀糊状，过滤除杂质，冷却后备用。
3. 将冷却后的枣泥糊与粉料一起拌匀成粉浆。
4. 取一张玻璃纸铺于笼中，倒入拌匀的粉浆，盖上笼盖，静置发酵 30 分钟。
5. 将笼置于烧开的笼锅上，用中火蒸 30 分钟至熟后取出。
6. 待糕冷却后，用刀切成三角形或用模具压制成所需要的造型，用朱古力针点缀。

三、成品标准

口感松软中带糯滑，枣香味浓，甜而不腻。

四、制作关键

1. 煮制枣泥糊时要掌握好火候，不能煮出焦煳味。
2. 掌握粉浆静置的时间，待粉浆发酵后才能蒸制。
3. 造型时要待糕体完全冷却后再进行，否则切口不光滑，影响美观。

五、创新亮点

1. 发酵方法创新：在米粉中加入少量的面粉辅助发酵，粉浆处于半发酵状态，使制品既有发酵面团的膨松感，又具有米粉团的黏实感。
2. 原料创新：利用枣泥糊调制粉浆，起到了增色、增香，提高制品营养价值的作用。

六、营养价值与食用功效

1. 大枣能提高人体免疫力并可抑制癌细胞。
2. 大枣可降血压、降胆固醇。
3. 大枣能提高体内单核细胞的吞噬功能，有保护肝脏、增强体力的作用。
4. 大枣中的维生素 C 能减轻化学药物对肝脏的损害，并有促进蛋白质合成，增加血清总蛋白含量的作用。

七、温馨小贴士

民间有"每天吃颗枣，一辈子老不了"的说法，指的是大枣具有养颜保健的作用。

豆渣饼

豆渣饼是江苏宿迁地区的特色点心。此款点心在制作时，在传统纯豆渣面团中加入了少量的糯米粉，使面团的黏性增强，在口感上使原来的干香松散变成了松中带糯滑。

一、原料

1. **皮坯原料**：水磨糯米粉 50 克,豆渣 450 克。
2. **调味原料**：小香葱花 20 克,辣椒酱 5 克,椒盐 6 克。
3. **辅助原料**：豆汁 50 克, 鸡蛋 1 个。

二、工艺流程

1. 豆渣中加入椒盐搅拌上劲后,加入糯米粉、豆汁、鸡蛋混合在一起搅拌均匀。
2. 加入小香葱花、辣椒酱调味并搅拌上劲成豆渣面团。
3. 下 25 克一个的面剂,搓圆后按成饼状生坯。
4. 生坯摆放在电饼档中,两面煎黄即可。

三、成品标准

口感松软中带糯滑,口味咸中带微辣。

四、制作关键

1. 豆渣要细腻,不能太粗,否则豆渣面团易松散。
2. 调味时要先加盐搅上劲再加豆汁,如果先加豆汁就不易搅拌起劲。
3. 应用干烙的方法熟制,这样饼的香味浓。

五、创新亮点

豆渣饼是江苏宿迁地区的特色点心。此款点心在制作时,在传统纯豆渣面团中加入了少量的糯米粉,使面团的黏性增强,在口感上使原来的干香松散变成了松中带糯滑。

六、营养价值与食用功效

1. 豆渣中不含胆固醇,为高血压、高血脂、高胆固醇症及动脉硬化、冠心病患者的药膳佳肴。
2. 豆渣中含有丰富的植物雌激素,对防治骨质疏松症有良好的作用。
3. 豆渣具有健脾养脾、补气益气、提高免疫力、防癌抗癌、止渴、消除水肿、燃烧脂肪等功效。

七、温馨小贴士

豆制品中含有一定量的大豆异黄酮,可调整乳腺对雌激素的反应,建议女性常食。

农家菜饭

在煮饭时加入腊味和绿叶蔬菜，使菜的香味融入饭中，饭菜合一，别具风味。根据个人喜好可以选用不同的腊味，制作多款腊味饭。

一、原料

1. **皮坯原料**：粳米 350 克。
2. **馅心原料**：咸板鸭粒 50 克，青菜粒 100 克。
3. **调味原料**：鸭油 50 克，盐 5 克，味精 2 克。
4. **辅助原料**：水适量。

二、工艺流程

1. 将粳米淘洗干净，沥水备用。
2. 炒锅上火烧热，倒入鸭油滑锅，下咸板鸭粒炒香，再放入青菜粒煸炒，加水烧开。
3. 将沥干水分的粳米放入电饭锅中，加入汤汁，前面烧好的辅料的高度需超出米表面 0.5 厘米，用盐、味精进行调味。
4. 电饭锅插上电源进行煮制，待煮好后焖 5 分钟，出锅装盘即可。

三、成品标准

色泽悦目，米饭光亮，腊香味浓，诱人食欲。

四、制作关键

1. 咸板鸭要用冷水浸泡以去除部分咸味，但要把握泡的时间，不能泡得太久而使口味太淡。
2. 青菜要下锅煸炒，可除去涩味。
3. 饭煮好后焖的时间不能太长，要保持青菜的色泽翠绿。

五、创新亮点

在煮饭时加入腊味和绿叶蔬菜，使菜的香味融入饭中，饭菜合一，别具风味。根据个人喜好可以选用不同的腊味，制作多款腊味饭。

六、营养价值与食用功效

鸭肉是一种滋补功效很强的食物，是最适合夏季养生的肉食，特别是对于体内有热的人群来说，鸭肉是首选。夏季吃鸭肉可以除湿、解毒、滋阴，鸭肉还具有养胃的功效。

七、温馨小贴士

咸板鸭是南京的地方特产，其风味独特。由于是腌腊制品，建议将其用于调剂口味，偶尔食用。

腊味双色糍粑

调味时加入了熟火腿粒，增加了成品的腊香风味。

一、原料

1. **皮坯原料**：白糯米 600 克，黑米 50 克。
2. **馅心原料**：熟火腿粒 50 克。
3. **调味原料**：盐 5 克。
4. **辅助原料**：色拉油 50 克，水适量。

二、工艺流程

1. 将 150 克白糯米与 50 克黑米混合在一起，淘洗干净，加适量水蒸熟。
2. 其余白糯米用冷水浸泡 2 小时，上笼干蒸至熟。
3. 将两种颜色的米饭趁热分别蘸冷开水揉至软糯而不粘手，分别加入熟火腿粒拌匀，用盐调味至咸淡适中。
4. 将两种米饭分别擀平、擀薄，切成长方形块，两块白色中间夹一块黑色成双色糍粑生坯。
5. 平底锅或不粘锅烧热，淋少量色拉油，将糍粑生坯两面煎黄、煎脆即可。

三、成品标准

色泽分明，层次清晰，外香脆、内糯软。

四、制作关键

1. 掌握白糯米与黑米掺和的比例。
2. 掌握饭团揉制的手法，并掌握饭团揉制的程度。
3. 两色饭团切块的大、小、厚、薄一致。
4. 煎制时应尽量少放油，保持成品脆而不腻。

五、创新亮点

1. 将传统糍粑做成双色，增强了视觉效果。
2. 调味时加入了熟火腿粒，增加了成品的腊香风味。

六、营养价值与食用功效

1. 黑米含蛋白质、脂肪、碳水化合物、B 族维生素、维生素 E、钙、磷、钾、镁、铁、锌等营养元素，营养丰富。
2. 黑米具有清除自由基、改善缺铁性贫血、抗应激反应以及免疫调节等多种生理功能。
3. 黑米中的黄铜类化合物能维持血管正常渗透压，减轻血管脆性，防止血管破裂和止血。
4. 黑米有抗菌、降低血压、抑制癌细胞生长的功效。
5. 黑米还具有改善心肌营养、降低心肌耗氧量等功效。

七、温馨小贴士

火腿分"南腿"和"北腿"，其中以浙江的金华火腿最为有名。

时尚创意面点

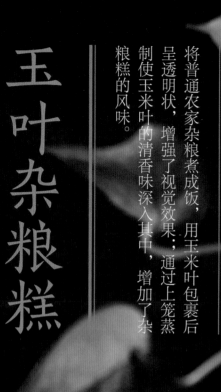

玉叶杂粮糕

将普通农家杂粮煮成饭，用玉米叶包裹后呈透明状，增强了视觉效果；通过上笼蒸制使玉米叶的清香味深入其中，增加了杂粮糕的风味。

一、原料

1. **皮坯原料**：白糯米 300 克，玉米碎 50 克，小米 50 克。
2. **调味原料**：熟猪油 20 克，木糖醇 100 克。
3. **辅助原料**：玉米叶 20 张，水适量。

二、工艺流程

1. 玉米碎用冷水浸泡 2 小时后与淘净的白糯米、小米混合在一起。
2. 混合米放在盛器里，加少量水，上笼蒸 30 分钟至熟；取出趁热加入熟猪油、木糖醇拌匀备用。
3. 玉米叶洗净入水锅中煮开，取出折成圆锥形，包入拌好的杂粮饭，即成杂粮糕生坯。
4. 生坯上笼大火蒸 5 分钟后取出装盘即可。

三、成品标准

色泽黄白分明，香甜糯软。

四、制作关键

1. 玉米碎硬度较高，一定要用冷水泡透。
2. 用熟猪油、木糖醇调味要趁杂粮饭热时进行。

五、创新亮点

将普通农家杂粮煮成饭，用玉米叶包裹后呈透明状，增强了视觉效果；通过上笼蒸制使玉米叶的清香味深入其中，增加了杂粮糕的风味。

六、营养价值与食用功效

小米是我国北方人民的主要粮食之一，谷粒的营养价值很高，含丰富的蛋白质、脂肪和维生素。它不仅可供食用，亦可入药，有清热、清渴、滋阴、补脾肾和肠胃、利小便、治水泻等功效。

七、温馨小贴士

经常喝小米粥有益于肠胃健康。

满口香

使用时令野蔬搭配，荤素结合，既缓解了馅心的油腻感，又增加了馅心的清香度。

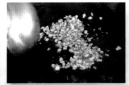

一、原料

1. **皮坯原料**：春卷皮 10 张。
2. **馅心原料**：烤鸭肉丁 400 克，芦蒿粒 300 克。
3. **调味原料**：盐 8 克，白糖 15 克，葱姜末各 15 克，味精 5 克，料酒 20 克，老抽 15 克，麻油 20 克，色拉油 50 克，水淀粉 30 克。
4. **辅助原料**：麦芽糖水 100 克，去皮白芝麻 100 克，熟面糊适量。

二、工艺流程

1. 炒锅上火烧热，用色拉油滑锅，锅中留少许底油，放入葱姜末炒香。下入烤鸭肉丁、芦蒿粒煸炒，烹料酒，用白糖、老抽、盐、味精调味后，用水淀粉勾芡，淋入麻油即成馅心。
2. 春卷皮中间放入馅心，皮的四周抹上熟面糊，向中间折叠成正方形，在有接口的一面刷一层麦芽糖水，均匀地沾上去皮白芝麻成烤鸭芦蒿饼生坯。
3. 油锅上火烧至七成热，放入生坯炸至金黄色，取出沥油后沿着正方形对角切开装盘即可。

三、成品标准

大小均匀，色泽金黄，香酥松脆。

四、制作关键

1. 春卷皮要薄，且大小要均匀。
2. 春卷皮的四周抹上熟面糊后再向中间折叠，否则饼会散。
3. 掌握炸制成熟的温度和时间。
4. 馅心汤汁要收紧。

五、创新亮点

馅料创新：使用成品烤鸭肉作为馅心原料，改善了馅心的风味。使用时令野蔬搭配，荤素结合，既缓解了馅心的油腻感，又增加了馅心的清香度。

六、营养价值与食用功效

1. 芦蒿可以入药，具有止血消炎、镇咳化痰的功效，对于黄疸型肝炎有很好的疗效。
2. 高血压病人经常食用芦蒿对降低血压、血脂以及缓解心血管疾病均有较好的食疗作用。

七、温馨小贴士

芦蒿是一种无污染的绿色食品，但缺铁性贫血人群应该少吃，最好不吃。

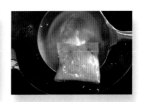

Innovative
Pastry

保健类点心篇

白玉土豆凉糕

在面糊中加入了蛋清，使糕色泽洁白、清，且营养更加丰富。

一、原料

1. **皮坯原料**：白土豆 500 克，熟化处理好的中筋面粉 50 克。
2. **调味原料**：熟猪油 20 克，白糖 150 克，薄荷油少许。
3. **辅助原料**：蛋清 300 克，泡打粉 2 克。
4. **装饰原料**：打发鲜奶油、草莓、猕猴桃适量。

二、工艺流程

1. 白土豆洗净去皮切薄片，用清水漂净土豆片中的淀粉，入蒸笼中用旺火蒸 30 分钟左右取出，放置于干净的案板上用力压成泥，晾凉待用。
2. 取蛋清加入白糖、熟猪油、薄荷油、泡打粉，与土豆泥、熟化处理好的面粉搅拌均匀成土豆面糊，面糊过筛后倒入笼屉里，上笼旺火蒸 20 分钟左右取出晾凉。
3. 用模具压制成需要的造型，装盘即可。

三、成品标准

色泽洁白如玉，口感甜润，具有薄荷味。

四、制作关键

1. 土豆片必须冲洗净淀粉，否则易氧化而使糕点不洁白。
2. 面粉必须蒸熟擀细后再调制面糊，否则糕易上劲，口感不细腻。
3. 面糊必须过筛，否则糕中含有颗粒，影响糕的美观度。

五、创新亮点

1. 使用杂粮调制面糊，使点心更具风味。
2. 在面糊中加入了蛋清，使糕色泽洁白光滑，且营养更加丰富。
3. 糕坯制好后用模具造型，可使糕的形状丰富多彩，令人增进食欲。

六、营养价值与食用功效

1. 土豆的蛋白质含量高，拥有人体所必需的全部氨基酸，特别是赖氨酸。
2. 土豆所含的维生素最全，矿物质含量丰富，是矿物质宝库。
3. 土豆有神奇的药用价值，还能减肥、护肤、美容养颜。

七、温馨小贴士

不要使用表皮颜色发青和发芽的土豆，以免龙葵素中毒。

蜜豆龟苓膏

在传统药膳的基础上添加了水果，使风味更佳。

一、原料

1. **皮坯原料**：龟苓膏粉 20 克。
2. **调味原料**：蜜豆 500 克，蜂蜜适量。
3. **辅助原料**：水 450 克。
4. **装饰原料**：芒果 1 个，草莓 5 颗。

二、工艺流程

1. 将龟苓膏粉放入小锅中，加清水搅拌均匀（静置后更易搅匀），用细筛过滤掉糊中的疙瘩。
2. 将锅置于炉上，全程开小火，用勺子不停地搅拌，以免糊底。
3. 随着加热液体开始变浓稠（刚开始浓稠的状态有些粗糙），继续搅拌，液体浓稠的状态更细滑，颜色发黑，锅里开始冒泡泡，舀起一勺从高处落下，当像面条一样落下的时候，即可。
4. 倒入耐热的容器中，一边倒龟苓膏液一边开始凝固。
5. 待完全放凉后放入冰箱冷藏保存。
6. 食用时取出切丁，淋上蜂蜜搅拌均匀，并放上蜜豆、芒果丁、草莓丁。

三、成品标准

成品呈深褐色，有透明感，润滑清甜。

四、制作关键

1. 掌握好加水的比例。
2. 糊要过筛，不能有小颗粒，否则会影响龟苓膏的透明度。
3. 掌握好火候，整个制作过程中使用小火，不能熬糊。

五、创新亮点

1. 在传统药膳的基础上添加了水果，使风味更佳。
2. 配以蜂蜜、蜜豆，使制品口感清甜、润滑，营养丰富。

六、营养价值与食用功效

1. 龟苓膏具有去湿、解毒之功效，可滋阴补肾、润燥护肤、促进新陈代谢、提高人体免疫力，还能够丰胸、消除暗疮、调理脏腑。
2. 芒果具有清理肠胃的功效，对于晕车、晕船者有一定的止吐作用。根据现代食疗观点，芒果含有大量的维生素 A，因此具有防癌、抗癌的作用。由于芒果中含有大量的维生素，经常食用芒果可以起到滋润肌肤的作用。

七、温馨小贴士

蜂蜜除了是一种很好的保健食品，它还能外用，将蜂蜜直接涂擦在皮肤或伤口上，有消炎、止痛、止血、减轻水肿、促进伤口愈合的作用。

核桃露

核桃仁脂肪含量较高，将其打成粉浆制成露，使制品口感清润、滑爽，点缀炒熟的核桃仁和奶油，更使其口味香醇，色泽和枸杞和奶油，更使其口味香醇，色泽和这是一款营养价值非常高的保健饮品。

一、原料

1. **皮坯原料**：去皮核桃仁 250 克，粳米 150 克。
2. **调味原料**：牛奶 100 克，白糖 150 克。
3. **辅助原料**：熟碎核桃仁 50 克，水 2000 克，枸杞 30 克。
4. **装饰原料**：动物奶油 200 克。

二、工艺流程

1. 将去皮核桃仁放入料理机中加水打成粗浆，粳米浸泡后也加水打成米浆备用。
2. 在核桃仁浆中加入牛奶、白糖烧开后，用米浆勾芡。
3. 装入精致的各客盛器中，撒熟碎核桃仁、枸杞，并裱上打发的奶油装饰点缀。

三、成品标准

口感润滑，味道甜蜜。

四、制作关键

1. 米浆搅打得越细越好，核桃仁浆则带些微粒为好。
2. 掌握露的浓稠度，不宜太干或太稀，以稀稠状为宜。
3. 烧核桃露的锅最好选用不粘锅，这样不易烧糊，能保证成品的质量。

五、营养价值与食用功效

1. 美容养颜、健脑补气、内调外养、乌黑头发、缓解疲劳与压力。
2. 营养价值高，含碳水化合物、脂肪、蛋白质、膳食纤维。
3. 核桃仁味甘、性温，入肾、肺经，可补肾固精、温肺定喘、润肠通便，主治肾虚喘嗽、腰痛脚弱、阳痿遗精、大便燥结。

六、创新亮点

核桃仁脂肪含量较高，将其打成粉浆制成露，使制品口感清润、滑爽。点缀炒熟的核桃仁、枸杞和奶油，更使其味道香醇，色泽和谐。这是一款营养价值非常高的保健饮品。

七、温馨小贴士

核桃仁生食的营养损失最少。核桃仁虽好吃且营养丰富，但也不能食用太多，一般认为每天 5 ～ 6 个核桃，约 20 ～ 30 克核桃仁为宜。吃得过多，会生痰、恶心。此外，阴虚火旺者、大便溏泄者、吐血者、出鼻血者应少食或禁食核桃仁。

抹茶山药卷

利用玉米粉、山药这些粗粮制作皮与馅，粗粮细吃，符合营养保健理念。

一、原料

1. **皮坯原料**：水磨糯米粉 400 克，玉米粉 100 克。
2. **馅心原料**：山药 500 克，动物奶油 80 克。
3. **调味原料**：白糖 200 克。
4. **辅助原料**：抹茶粉 15 克，水 450 克，薄荷叶 50 克。

二、工艺流程

1. 山药洗净去皮蒸熟，压成泥后和 100 克白糖、动物奶油调制成山药馅。
2. 将糯米粉、100 克白糖、玉米粉、抹茶粉与水调制成粉团，上笼旺火蒸熟后，稍冷却，放在干净的案板上擀成薄皮，中间放馅卷起后改刀（斜切），用干净的薄荷叶垫底装盘即可。

三、成品标准

口感甜细、软糯，有薄荷香气。

四、制作关键

1. 粉团蒸熟后要揉透、揉光滑。
2. 粉团不能太软，馅心也不能太稀。
3. 粉团凉晾后再操作，否则馅心中的奶油会融化。
4. 山药要选用铁棍山药，淀粉含量高，口感好。

五、创新亮点

1. 用薄荷叶垫底使制品口感清新，令人心旷神怡。
2. 利用玉米粉、山药这些粗粮制作皮与馅，粗粮细吃符合营养保健理念。

六、营养价值与食用功效

1. 山药补脾养胃、生津益肺、补肾养精。
2. 山药含丰富的蛋白质、碳水化合物、钙、磷、铁、胡萝卜素及维生素等多种营养成分。

七、温馨小贴士

1. 山药与猪肝同食会降低营养价值。
2. 山药与黄瓜、南瓜、胡萝卜、笋瓜同食会破坏维生素分解。

芦蒿水晶饺

利用南京地方特色野菜芦蒿与烤鸭制作馅心，荤素搭配，色泽悦目，清香适口。

四、制作关键

1. 粉团一定要烫熟。
2. 掌握粉团的加水量。
3. 馅心要少油、少汁。

五、创新亮点

利用南京地方特色野菜芦蒿与烤鸭制作馅心，荤素搭配，色泽悦目，清香适口。

一、用料

1. **皮坯原料**：澄粉 150 克，生 粉 30 克。
2. **馅心原料**：芦蒿 250 克，烤鸭肉 100 克。
3. **调味原料**：盐 6 克，姜末 10 克，味精 3 克，麻油 10 克，色拉油 30 克，水淀粉适量。
4. **辅助原料**：沸水 200 克左右，熟猪油少许。

六、营养价值与食用功效

芦蒿具有清凉、平抑肝火以及预防牙病、喉痛和便秘等功效，对降血压、降血脂、缓解心血管疾病有较好的食疗作用，是一种典型的保健蔬菜。

二、工艺流程

1. 澄粉、生粉混合后，用沸水烫成澄粉团，放少许熟猪油，揉透、揉光滑备用。
2. 芦蒿洗净切粒、烤鸭肉切粒备用，炒锅上火烧热，用色拉油滑锅后，下姜末炒香，放入烤鸭肉粒、芦蒿粒煸炒，用盐、味精调味，勾芡后淋上麻油，出锅倒入盘中冷却。
3. 粉团搓条、下剂，擀成圆皮，包入馅心，捏出三角形并推捏出花边，上笼旺火蒸 6 分钟至呈透明状即可。

七、温馨小贴士

此点心糖尿病人、肥胖者或其他慢性病如肾脏病患者慎食，老人、缺铁性贫血患者要少食。

三、成品标准

荤素搭配，咸鲜清香，造型美观。

利用特色粉料制作传统点心，在圆子中加入各色水果，不仅使点心色泽悦目，且增加了营养、丰富了口味。

保 健 类 点 心 篇

一、原料

1. **皮坯原料**：葛粉 500 克。
2. **馅心原料**：莲蓉馅 150 克。
3. **调味原料**：白糖 150 克。
4. **辅助原料**：黄桃粒 25 克，西瓜粒 25 克，
   蜜瓜粒 25 克。

二、工艺流程

1. 葛粉捻碎过筛备用。
2. 莲蓉搓成 8 克一个的圆球形馅心，放入冰
   箱中冷冻至硬。
3. 取一个大的长方形不锈钢盘，盘底铺一层
   葛粉，将冻硬的莲蓉馅放入粉中，使其表
   面滚沾上一层葛粉。取出放在漏勺中，入
   开水锅中汆烫，取出再沾粉，再入开水锅
   中汆烫，如此反复多次，直至圆子呈乒
   乓球大小为止。
4. 将圆子放入清水锅中，用中小火养至圆子
   完全成熟，呈透明状且浮起为止。
5. 将煮熟的葛粉圆子放入清水锅中煮开，加
   白糖、各色水果粒烧开后，用葛粉勾薄芡。
6. 盛装在各客小碗中即可。

三、成品标准

口味香甜，口感软糯并具有水果风味。

四、制作关键

1. 注意馅心大小要一致，并要求冻硬。
2. 馅心在开水锅中烫的时间要短，否则圆子
   不圆。
3. 圆子成型后，在清水锅中养时，火候要小
   且要养透至透明。
4. 水果在锅中烧的时间不宜太久，否则容易
   发酸。

五、创新亮点

利用特色粉料制作传统点心，在圆子中加入
各色水果，不仅使点心色泽悦目，且增加了
营养、丰富了口味。

六、营养价值与食用功效

葛粉是从藤本植物葛根中提取出来的一种纯
天然营养佳品，它具有清热解毒、生津止渴、
补肾健脾、益胃安神、清心明目、润肠导便
及醒酒等功能。

七、温馨小贴士

葛粉中含有较多的黄酮类化合物、氨基酸、钙、
硒等矿物质，是老少皆宜的名贵滋补品，有"千
年人参"之美誉。

酿枇杷

此款点心是在传统双色八宝饭的基础上改良的，将白色糯米饭酿入枇杷中，在造型上有所创新。在果料的使用中更注重营养保健。

一、原料

1. **皮坯原料**：新鲜枇杷 20 只。
2. **馅心原料**：白糯米 100 克，黑米 50 克，核桃仁 20 克，松仁 20 克，葡萄干 20 克。
3. **调味原料**：白糖 60 克，熟猪油 30 克。
4. **装饰原料**：红樱桃适量。

二、工艺流程

1. 新鲜枇杷去皮、取籽备用。
2. 将 50 克的白糯米与 50 克黑米混合煮成饭，剩余的白糯米单独煮成饭。
3. 核桃仁去皮油炸成熟，松仁油炸起香后分别剁碎，葡萄干洗净切碎备用。
4. 将煮熟的黑米饭与 40 克白糖、20 克熟猪油、核桃仁碎、松仁碎、葡萄干碎拌匀成馅，白糯米饭单独用 20 克白糖、10 克熟猪油拌匀成馅。
5. 将白馅心酿入到枇杷中，扣入碗中，再在上面放入调味的黑米饭，抹平。上笼蒸至枇杷肉烂，取出倒扣在盘中装盘，用红樱桃点缀，浇上一层薄糖水芡。

三、成品标准

果香味浓，甜而不腻。

四、制作关键

1. 掌握好炸核桃仁、松仁的油温和时间，不能炸焦。
2. 枇杷要选择个大肉厚的，且大小要一致。

五、创新亮点

此款点心是在传统双色八宝饭的基础上改良的，将白色糯米饭酿入枇杷中，在造型上有所创新。在果料的使用中更注重营养保健。

六、营养价值与食用功效

松仁中所富含的不饱和脂肪酸以及矿物质，像磷、铁等，对于软化血管、增加血管壁的弹性都有一定的功效，所以食用松子具有降低血脂、预防心血管疾病的食疗效果。

七、温馨小贴士

炸熟的松仁从锅中捞出后要及时铺开冷却，若堆放在一起不易散热，很容易焦煳。

榴莲酥

造型和馅心的创新，用榴莲做馅并做出榴莲形状的酥点。

保 健 类 点 心 篇

一、原料

1. **皮坯原料**：水油面：中筋面粉 250 克，黄油 15 克，水 125 克，吉士粉 15 克。
   干油酥：低筋面粉 200 克，黄油 110 克。
2. **馅心原料**：榴莲肉 200 克，黄油 20 克，糖粉 20 克，玉米淀粉 30 克。
3. **辅助原料**：鸡蛋、色拉油适量。

二、工艺流程

1. 将 250 克中筋面粉倒在案板上加入吉士粉拌和，中间开窝，加入黄油和水拌和，和成水油面；200 克低筋面粉加黄油擦制成干油酥。
2. 将榴莲肉粉碎成泥，放入不粘锅中以小火翻炒，待水分蒸发一会儿后放入黄油、糖粉和玉米淀粉，炒至变色黏稠即可。
3. 用小包酥的方法进行起酥，卷两次后擀成薄皮，包入榴莲馅，用蛋液收口，搓成椭圆形，用剪刀剪出一个个均匀的小口即成生坯。
4. 色拉油下锅，烧至 115℃ 左右，将生坯放在漏勺上下锅，待油温升高，生坯表面略硬并开出酥层时开大火炸至成熟后沥油，最后吸油装盘。

三、成品标准

榴莲味浓，入口酥香。

四、制作关键

1. 水油面与干油酥的比例要恰当。
2. 起酥过程中面团要适当松弛。
3. 油温不能太高，否则不容易开出花纹。

五、创新亮点

造型和馅心的创新，用榴莲做馅并做出榴莲形状的酥点。

六、营养价值与食用功效

榴莲含有丰富的蛋白质和脂类，对机体有很好的补养作用，是良好的果品类营养来源。榴莲是唯一兼具高脂肪、高糖分、高热量的高营养水果，有"热带果王"的美誉，适当吃一些对身体有利。

七、温馨小贴士

榴莲有特殊的气味，不同的人感受不同，爱之者，赞其香；厌之者，怨其臭。榴莲的这种气味有开胃、促进食欲的功效，而榴莲所含的膳食纤维还能促进肠蠕动。

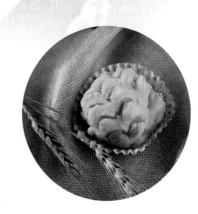

南瓜棉花杯

在传统棉花杯的基础上通过使用杂粮原料，改变了制品色泽和口感。

一、原料

1. **皮坯原料**：蒸熟的南瓜 125 克，低筋面粉 180 克，水磨粘米粉 20 克。
2. **调味原料**：白糖 100 克，炼乳 20 克，牛奶 80 克。
3. **辅助原料**：泡打粉 3 克，鸡蛋 1 个，玉米油 30 克。

二、工艺流程

1. 将蒸熟的南瓜、鸡蛋、白糖、炼乳、牛奶、玉米油放入盆内搅拌均匀成糊状备用。
2. 所有粉料过筛，把前面拌好的南瓜糊倒入粉料里搅拌均匀。
3. 将锡纸托置于蒸笼上，用裱花袋装入粉糊，将粉糊挤在锡纸托内，8～9 成满即可。
4. 蒸笼置在水烧开的蒸灶上，蒸制 15 分钟左右，出笼装盘即可。

三、成品标准

成品呈开花状，色泽金黄，口感软糯。

四、制作关键

1. 用来装糊蒸制的锡纸托不要面积太大，否则气体压力太分散而使制品无法膨胀。
2. 适当加入米粉能增加制品软糯的口感，也能增加米香，但米粉过多则影响制品膨胀。

五、创新亮点

在传统棉花杯的基础上通过使用杂粮原料，改变了制品色泽和口感。

六、营养价值与食用功效

南瓜含有维生素和果胶，有解毒和助消化的作用。南瓜中还含有南瓜多糖，这是一种非特异性免疫增强剂，能提高机体的免疫功能，更是糖尿病人的首选食品之一。

七、温馨小贴士

粉糊拌好即蒸，无需醒发，若醒发则成品不能开花，影响美观。

豆渣蛋糕

豆渣是制作豆腐时的废弃物，含有一部分大豆的营养残留。利用豆渣制作蛋糕，一方面是废物利用，另一方面是将中式原料与西点制作工艺结合，使蛋糕口感更丰富。

一、原料

1. **皮坯原料**：蛋黄 3 个，豆渣 70~100 克，低筋面粉 45 克，蛋清 3 个，细砂糖 25 克。
2. **辅助原料**：色拉油 30 克，白醋 / 柠檬汁少许。

二、工艺流程

1. 将蛋黄、豆渣和色拉油搅拌均匀，再筛入低筋面粉一起拌匀；蛋清中加少量醋 / 柠檬汁，分 3 次加入细砂糖打发至提起打蛋器有直立小弯勾。
2. 取 1/3 蛋白糊加入豆渣蛋黄糊中切拌均匀，再加 1/3 蛋白糊切拌均匀，最后一起倒回到剩余的 1/3 蛋白糊中切拌均匀，注意手法要轻，防止消泡，最后入模轻磕几下使糊表面平整。
3. 烤箱预热 180℃，放入蛋糕糊烤 25 分钟，出炉后晾凉点缀装盘。

三、成品标准

表面金黄，香软可口。

四、制作关键

1. 蛋清与蛋黄分开打发。
2. 蛋白糊与蛋黄糊拌匀即可，不能长时间搅拌，防止消泡。

五、创新亮点

豆渣是制作豆腐时的废弃物，含有一部分大豆的营养残留。利用豆渣制作蛋糕，一方面是废物利用，另一方面是将中式原料与西点制作工艺结合，使蛋糕口感更丰富。

六、营养价值与食用功效

鸡蛋黄性温、味甘，有滋阴、宁心安神的作用，可治疗阴虚引起的心烦不寐、胃逆呕吐。豆渣能降低血液中胆固醇的含量，减少糖尿病人对胰岛素的消耗；豆渣中还含有丰富的膳食纤维，是一种新的保健食品源。

七、温馨小贴士

豆渣属于剩余原料再利用，虽对糖尿病人有益，但做成蛋糕后因添加了糖类原料，所以还是要控制食用量。

Innovative
Pastry

中西结合点心篇

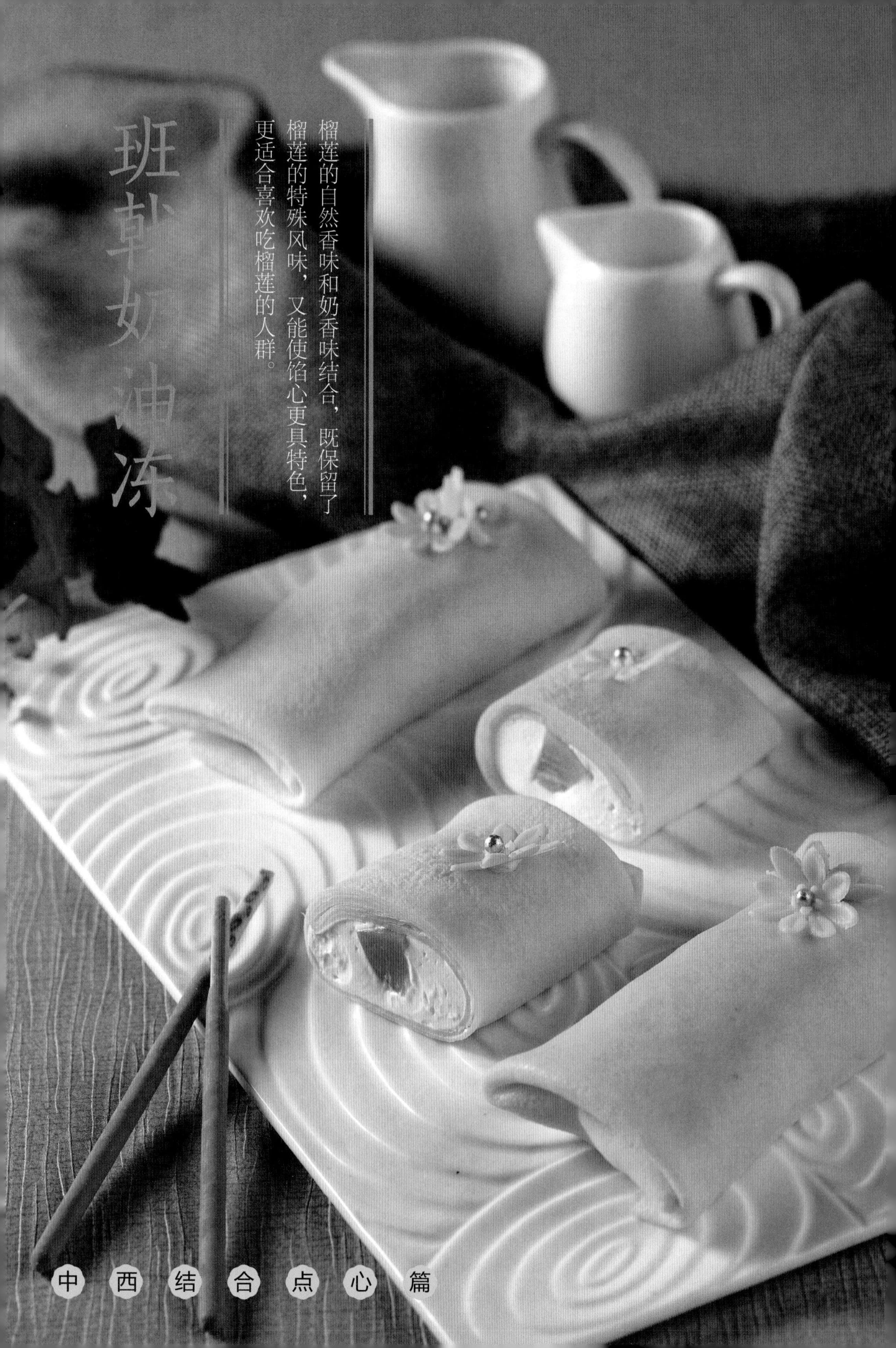

班戟奶油冻

榴莲的自然香味和奶香味结合，既保留了榴莲的特殊风味，又能使馅心更具特色，更适合喜欢吃榴莲的人群。

一、原料

1. **皮坯原料**：低筋面粉 75 克，白糖 35 克，鸡蛋 2 个，黄油 20 克，牛奶 250 克。
2. **馅心原料**：动物奶油 200 克，牛奶 50 克，榴莲泥 50 克，芒果块 100 克。
3. **辅助原料**：吉利丁片 10 克。

二、工艺流程

1. 鸡蛋用蛋抽搅打均匀，加入 250 克牛奶搅拌均匀，再加入白糖搅拌至白糖溶化，最后加入融化的黄油搅拌均匀，将过筛后的面粉加入其中搅拌至无面粉疙瘩，静置备用。
2. 吉利丁片用常温水泡软、泡透，动物奶油搅打至六七成发，50 克牛奶隔水加热，加入泡好的吉利丁片搅拌至溶化，再与打发的动物奶油抄拌均匀，然后与榴莲泥一起抄拌均匀，倒入模具中，最后加入芒果块冷冻定型。
3. 平底锅上刷上一层色拉油，中火烧至六成热，舀入一勺面糊，转动平底锅，使面糊均匀地摊在锅底，摊成圆形薄饼，依次将面糊全部摊成薄饼。
4. 把冷冻定型的馅料分成大小均匀的长方块状，每一块薄饼包入一个长方块的榴莲奶油冻馅料，折叠成豆腐块状即可，改刀装盘。

三、成品标准

色泽金黄，造型简洁，榴莲飘香。

四、制作关键

1. 吉利丁片要用常温水泡软、泡透，待其呈现像凉皮一样的状态即可使用。
2. 调制的馅料口感要细腻。

五、创新亮点

馅料创新：榴莲的自然香味和奶香味结合，既保留了榴莲的特殊风味，又能使馅心更具特色，更适合喜欢吃榴莲的人群。

六、营养价值与食用功效

动物奶油、牛奶中富含蛋白质；鸡蛋润燥，增强免疫力，护眼明目；黄油富含热量、脂肪、胆固醇；榴莲有补气、开胃、补肾壮阳、强身健体、滋补、健脾、散寒的功效；芒果营养价值极高，维生素 A 含量高达 3.8%，比杏子还要多出 1 倍，维生素 C 的含量也超过橘子、草莓，还含有糖、蛋白质及钙、磷、铁等营养成分，这些均为人体所必需的。

七、温馨小贴士

1. 煎班戟皮的时候，推荐使用不粘平底锅。煎的时候用小火，煎至班戟皮凝固即可。
2. 可以根据个人口味把榴莲泥换成不同的水果丁。

棒棒糖蛋糕

造型以棒棒糖为参考，用蛋糕、白巧克力、翻糖、干佩斯等新颖的元素制作口感绵软的棒棒糖蛋糕。

一、原料

1. **皮坯原料**：全蛋液 210 克，白糖 120 克，
   低筋面粉 210 克，泡打粉 3 克，
   黄油 150 克。
2. **辅助原料**：白巧克力 200 克，翻糖 100 克，
   棒子若干。
3. **装饰原料**：干佩斯 100 克。

二、工艺流程

1. 全蛋液中加入白糖搅打至全蛋的膨发状态。
2. 加入低筋面粉、泡打粉，慢速搅打均匀。
3. 加入融化的黄油搅打均匀即成面糊。
4. 将面糊装入裱花袋中，挤入圆球形模具，
   盖上盖。
5. 放入烤箱中以上火 170℃、下火 180℃烤
   制 15 分钟。
6. 出炉后脱模冷却。
7. 白巧克力隔水加热融化，棒子沾上融化的
   白巧克力后插入圆球形蛋糕中间，在圆球
   形蛋糕表面均匀粘上白巧克力。
8. 先用翻糖在蛋糕上均匀包裹一层，再用干
   佩斯小花点缀即可。

三、成品标准

香甜绵软，造型美观。

四、制作关键

1. 面糊搅打膨松程度的识别。
2. 白巧克力隔水加热过程中防止水珠溅入
   巧克力中，融化的水温应控制在 50℃～
   60℃。

五、创新亮点

造型以棒棒糖为参考，用蛋糕、白巧克力、
翻糖、干佩斯等新颖的元素制作口感绵软的
棒棒糖蛋糕。

六、营养价值与食用功效

鸡蛋是人类最好的营养来源之一，它含有大
量的维生素和矿物质及有高生物价值的蛋白
质。对人而言，鸡蛋的蛋白质品质最佳，仅
次于母乳。一个鸡蛋所含的热量相当于半个
苹果或半杯牛奶的热量，但是它还拥有 8%
的磷、4% 的锌、4% 的铁、10% 的蛋白质、
6% 的维生素 D、3% 的维生素 E、6% 的维生
素 A、2% 的维生素 B、5% 的维生素 B2、4%
的维生素 B6、6% 的维生素 B、8% 的维生素
B2。这些营养都是人体必不可少的。

七、温馨小贴士

可以用巧克力彩针、棉花糖、彩珠等适宜材料，
根据个人喜好对棒棒糖蛋糕加以装饰。

黄金玉米派

以玉米粉调制的馅心代替传统的甜馅，更让大众所喜爱。

一、原料

1. **皮坯原料**：中筋面粉 500 克，盐 2 克，黄油 20 克，水 250 克，片状起酥油 250 克。
2. **馅心原料**：黄油 40 克，糖粉 100 克，鸡蛋液 20 克，玉米粉 150 克。
3. **装饰原料**：黑芝麻适量。

二、工艺流程

1. 先将黄油、糖粉擦拌均匀，再加入鸡蛋液擦拌均匀，最后与玉米粉一起擦拌均匀即成馅心。
2. 中筋面粉、盐、黄油中加入水，调制成软硬适中、光滑均匀的面团，整形成长方形面片，入冰箱冷冻备用。
3. 将片状起酥油整形，大小为长方形面片的一半大。
4. 水油面片冷冻至软硬度和片状起酥油一致时，将片状起酥油放置于水油面一半的位置，对折叠起，四周用手指捏紧。
5. 用擀面杖将面片擀薄、擀均匀成长方形，折叠成三层，再次擀成长方形薄片，如此反复三次后，最后擀成长方形薄片。改刀为长方形长条，一条宽度为 8 厘米，一条宽度为 9 厘米，两条为一组，剩下的面片也如此改刀。
6. 取宽度 8 厘米的长方形长条，刷上蛋液，将馅心捏成粗细均匀的长条放在中间，盖上宽度 9 厘米的长方形长条，边缘合紧，改刀菱形块，表面刷蛋液，中间点缀黑芝麻即成生坯。
7. 生坯放入烤箱以上火 210℃、下火 190℃烤制 15 分钟即可。

三、成品标准

形似枕头，酥层清晰。

四、制作关键

1. 馅心的软硬度以能捏成团为标准。
2. 包酥时片状起酥油与水油面片的软硬度要一致。
3. 开酥过程中用力要均匀，有气泡时用牙签戳破气泡，防止破酥。

五、创新亮点

1. 以玉米粉调制的馅心代替传统的甜馅，更让大众所喜爱。
2. 用片状起酥油代替传统猪油，开酥时更快捷。

六、营养价值与食用功效

玉米粉中含有亚油酸和维生素 E，能使人体内胆固醇水平降低，从而减少动脉硬化的发生；玉米粉中含钙、铁量较多，可预防高血压、冠心病。现代医学研究表明，玉米粉中有丰富的谷胱甘肽，这是一种抗癌因子，在人体内能与多种外来的化学致癌物质相结合，使其失去毒性，然后通过消化道排出体外；粗磨的玉米粉中含有大量的赖氨酸，可抑制肿瘤生长；玉米粉还含有微量元素硒，能加速人体内氧化物分解，抑制恶性肿瘤。此外，玉米粉中含有丰富的膳食纤维，能促进肠蠕动。

七、温馨小贴士

成型时，两片酥皮中间要用蛋液连接，否则制品成熟后易散。

黄金脆脆圈

发酵面团中加入适量玉米粉、黄油，既增加了制品的营养价值，又可改善制品的口味。

一、原料

1. **皮坯原料**：中筋面粉 300 克，玉米粉 200克，酵母 5 克，泡打粉 5 克，黄油 20 克，白糖 30 克，温水220 克。
2. **辅助原料**：色拉油适量。
3. **装饰原料**：白巧克力 100 克。

二、工艺流程

1. 中筋面粉、玉米粉混合均匀，在案板上开成窝形，泡打粉均匀撒在粉料上，酵母、白糖、黄油放在窝形中间，用 30℃左右的温水调制成软硬适中的面团。
2. 面团擀成厚薄均匀的片状，用一大一小的圆形卡模和爱心形卡模卡成环形的面坯，发酵 20 分钟。
3. 用 180℃的油温将面坯炸制成金黄色即可。
4. 白巧克力隔水加热融化，水温控制在50℃~55℃，把白巧克力液装进三角玻璃纸中，在炸制好的黄金脆脆圈表面点缀小花装饰。

三、成品标准

外形美观，外酥脆、内松软，营养丰富。

四、制作关键

1. 调制的面团要软硬适中，面团要揉均匀、揉光滑，成品的口感才最佳。
2. 炸制时要保持制品形状完整，控制好油温。油温不可太高，油温太高，制品外熟内生；油温太低，则制品含油量太高。
3. 融化巧克力时应控制好水温。融化黑巧克力时，水温控制在 55℃ ~ 60℃；融化白巧克力时，水温控制在 50℃ ~ 55℃。融化巧克力时，容器要干净无水无杂质，融化过程中不可溅入水珠。

五、创新亮点

1. 发酵面团中加入适量玉米粉、黄油，既增加了制品的营养价值，又可改善制品的口味。
2. 制品形状可以通过卡模的变化而变化。

六、营养价值与食用功效

玉米粉中所含的胡萝卜素被人体吸收后能转化为维生素 A，它具有防癌作用；植物纤维素能加速致癌物质及其他毒物的排出；天然维生素 E 则有促进细胞分裂、延缓衰老、降低血清胆固醇、防止皮肤病变的功能，还能减轻动脉硬化和脑功能衰退。多吃玉米粉还能抑制抗癌药物对人体的副作用，刺激大脑细胞，增强人的脑力和记忆力。适当地吃白巧克力可以提高记忆力，预防心脑血管疾病，增强免疫力，延缓衰老。

七、温馨小贴士

巧克力中含有糖类，人体在摄入糖分以后会将这些糖分分解，为日常活动供能。因此当我们感觉身体疲劳的时候，吃一些巧克力可恢复体力。

造型方面的创新，借助硅胶模具，造型美观。

一、原料

1. **皮坯原料**：芒果蓉 300 克，白糖 50 克，吉利丁片 10 克，动物奶油 500 克。
2. **辅助原料**：芒果蓉 300 克，吉利丁片 20 克，白糖 100 克，动物奶油 300 克，中性镜面果胶 500 克，葡萄糖 150 克。
3. **装饰原料**：翻糖花片、银珠糖若干。

二、工艺流程

1. 芒果蓉、白糖混合加热至白糖溶化，搅拌均匀，冷却至 40℃左右时放入泡好的吉利丁片，搅拌至吉利丁片溶化，降至常温。
2. 动物奶油快速搅打至六七成膨松状态。
3. 将芒果蓉液与打发的奶油抄拌均匀。
4. 倒入硅胶模具中，震动以去除大气泡，表面抹平，入冰箱冷冻 4~5 小时。
5. 将调辅料中的芒果蓉、白糖、葡萄糖、动物奶油煮开后搅拌均匀，冷却至 40℃时加入泡好的吉利丁片，搅拌均匀至吉利丁片溶化。
6. 中性镜面果胶用蛋抽搅打均匀，倒入芒果奶油液中抄拌均匀。
7. 将冷冻好的芒果蛋糕放在冷却网上，倒入用辅料调好的淋面液淋面。
8. 待淋面凝固装盘，用翻糖花片和银珠糖装饰即可。

三、成品标准

口感柔滑细腻，造型漂亮，淋面晶莹透亮。

四、制作关键

1. 掌握好动物奶油搅打的膨松度。
2. 分清皮坯料的原料和调辅料中的原料。

五、创新亮点

造型方面的创新，借助硅胶模具，造型美观。

六、营养价值与功效

芒果果实的营养价值极高，其维生素 A 和维生素 C 含量都高，且含有人体必需的微量元素硒、钙、磷、钾等。芒果具有益胃、止呕、止晕的功效，还能降低胆固醇。动物奶油的脂肪含量比牛奶增加了 20~25 倍，而其余的成分如非脂乳固体（蛋白质、乳糖）及水分的含量都大大降低。动物奶油在人体的消化吸收率较高，可达 95% 以上，是维生素 A 和维生素 D 含量很高的食物，但肥胖和患有高血脂的人群应注意控制摄入量。

七、温馨小贴士

调制皮坯料和淋面液时一定要掌握好火候和温度。

芝士可可小贝

蒸制的蛋糕更营养、更健康、更美味。

一、原料

1. **皮坯原料**：鸡蛋 500 克，白糖 100 克，糕点粉 200 克，蛋糕乳化剂 10 克，色拉油 15 克，可可粉 15 克。
2. **馅心原料**：奶油芝士 50 克，糖粉 20 克。
3. **装饰原料**：薄荷叶适量。

二、工艺流程

1. 将鸡蛋、白糖用打蛋器搅打至白糖溶化，加入糕点粉、可可粉慢速搅打均匀。
2. 加入蛋糕乳化剂，快速搅打至全蛋的干性发泡状态。
3. 改为慢速，慢慢加入色拉油，搅拌均匀即可。
4. 方盒上垫油纸，倒入蛋糕面糊，面糊高度为 1 厘米，方盒表面包上一层保鲜膜。
5. 上笼旺火蒸制 15 分钟，取出晾凉。
6. 奶油芝士中加入糖粉用慢速搅打均匀。
7. 蛋糕表面抹上一层奶油芝士馅，卷起，放入冰箱冷藏定型。
8. 用快刀切段，将打好的奶油芝士馅装入裱花袋，裱花袋角剪小口，在蛋糕卷表面均匀地挤出线条，再用薄荷叶点缀，装盘即可。

三、成品标准

奶香浓郁，造型美观。

四、制作关键

1. 全蛋干性发泡的识别。
2. 掌握搅打全蛋面糊的速度。

五、创新亮点

1. 蒸制的蛋糕更营养、更健康、更美味。
2. 把奶油芝士作为馅料卷入蛋糕中。

六、营养价值与食用功效

芝士是牛奶经浓缩、发酵而成的奶制品，它基本上排出了牛奶中大量的水分，保留了其中营养价值极高的精华部分，被誉为乳品中的"黄金"。芝士是含钙量最多的奶制品，而且这些钙很容易被人体吸收。芝士能增进人体抵抗疾病的能力，促进代谢、增强活力、保护眼睛健康并保护肌肤健康；芝士中的乳酸菌及其代谢产物对人体有一定的保健作用，有利于维持人体肠道内正常菌群的稳定和平衡，防治便秘和腹泻；芝士中的脂肪和热能都比较多，但是其胆固醇含量却比较低，对心血管健康也有有利的一面。

七、温馨小贴士

奶油芝士和打发好的动物奶油搅拌均匀后充当馅料也很美味。

抹茶蒸蛋糕

把西点中的烤制方法演变为中式面点中的蒸制方法，蒸制方法更营养、更健康。

一、原料

1. **皮坯原料**：鸡蛋 180 克，低筋面粉 60 克，抹茶粉 5 克，盐 1 克，白糖 70 克，牛奶 45 克，色拉油 30 克，白醋 2 滴。
2. **馅心原料**：动物奶油 100 克，糖粉 20 克。
3. **装饰原料**：草莓 5 颗，巧克力叶子 10 片。

二、工艺流程

1. 将蛋清与蛋黄分离，分别放入干净的盆中。
2. 先将蛋黄搅打均匀，再加入色拉油搅拌均匀，然后加入 10 克白糖和 1 克盐搅拌均匀，接着加入牛奶搅拌均匀，最后加入低筋面粉、抹茶粉搅拌均匀，备用。
3. 蛋清中加入 60 克白糖和 2 滴白醋，用打蛋器搅打至提起打蛋器时蛋清呈尖峰状，备用。
4. 取 1/3 打发的蛋清与打发的蛋黄抄拌均匀，再与余下 2/3 的打发的蛋清抄拌均匀成面糊。
5. 用裱花袋装入面糊，挤入模具中，七八分满即可。
6. 上蒸锅中用旺火蒸 25 分钟即可。
7. 动物奶油中加入糖粉打发即成馅心。
8. 用爱心形卡模卡出爱心形蛋糕片，两片蛋糕片中间用打发的动物奶油馅夹心，表面用奶油馅、草莓、巧克力叶子点缀。

三、成品标准

外形完整，大小一致，富有弹性，海绵组织，香甜松软，美味可口。

四、制作关键

1. 蛋清搅打的膨松状态与尖峰状的识别。
2. 1/3 抄拌法的实际运用。

五、创新亮点

把西点中的烤制方法演变为中式面点中的蒸制方法，蒸制方法更营养、更健康。

六、营养价值与食用功效

鸡蛋中富含人体所需的各类营养成分，尤其是蛋白质含量较高。草莓中含有人体必需的纤维素、铁、钾、维生素 C 和黄酮类等营养成分，这些营养成分容易被人体消化、吸收，对人体生长发育有很好的促进作用，对老人、儿童大有裨益。抹茶中含有丰富的人体所必需的营养成分和微量元素，其主要成分为茶多酚。

七、温馨小贴士

1. 白醋可用新鲜的柠檬汁代替。
2. 在模具上先盖一张蛋糕纸，再在表面盖一层保鲜膜，以确保不会有水滴落入蛋糕表面，影响蛋糕胀发。

木瓜酥派

将木瓜丁作为馅心，代替传统的泥蓉馅。

一、原料

1. **皮坯原料**：中筋面粉 500 克，黄油 40 克，水 260 克，片状起酥油 300 克。
2. **馅心原料**：木瓜丁 500 克，玉米淀粉 70 克，糖粉 100 克，黄油 100 克。
3. **辅助原料**：蛋黄液适量。

二、工艺流程

1. 将中筋面粉、黄油和水调制成水油面团，整形成厚薄均匀的长方形片状，放入冰箱冷冻。待水油面片冷冻至与片状起酥油软硬度一致时，把片状起酥油整形成水油面片的一半大，将片状起酥油放置于水油面片一半的位置，对折包起，四周用手指捏紧。
2. 用走槌将包酥后的面块擀薄成长方形面片，厚度为 3 毫米，三折后再擀成厚薄为 3 毫米的长方形面片，如此反复三次，最后擀成厚薄均匀的 3 毫米厚的长方形面片。
3. 用圆形卡模刻出圆形面皮 30 张，将 15 张圆形面皮放入蛋挞模具中，捏制均匀，放入冰箱冷冻定型。
4. 木瓜丁与玉米淀粉、糖粉搅拌均匀，黄油隔水融化后与之搅拌均匀即成馅心。
5. 将木瓜丁馅放入捏好的蛋挞模具中，盖上另一张圆形面皮，刷蛋黄液，稍干后用牙签划上菱形方格即成生坯。
6. 将生坯放入烤箱以上火 190℃、下火 200℃烤制 18 分钟即可出炉。

三、成品标准

色泽金黄，酥松可口。

四、制作关键

1. 捏制挞皮时，不要捏制到面皮切口处，否则破坏制品边缘层次。
2. 开酥时遇到有小气泡要用牙签戳破放气，防止破酥。
3. 开酥时控制好走槌擀制的用力度，用力应均匀适中。

五、创新亮点

将木瓜丁作为馅心，代替传统的泥蓉馅。

六、营养价值与食用功效

木瓜营养价值较高，其中含有各种酶元素、维生素及矿物质，而含量最丰富的维生素是维生素A、复合维生素B、维生素C及维生素E。木瓜性温味酸，平肝和胃、舒筋络、活筋骨、降血压，能消除体内过氧化物等毒素、净化血液，对肝功能障碍及高血脂、高血压病具有防治效果。木瓜里的酵素会帮助分解肉食，减低胃肠的工作量，帮助消化，防治便秘，能均衡、强化青少年和孕妇妊娠期荷尔蒙的生理代谢平衡，润肤养颜。

七、温馨小贴士

烤制时在前 10 分钟不可打开烤箱，后面时段要观察制品表面颜色，保持受热均匀、色泽均匀。

豌豆黄铜锣烧

以豌豆黄作为馅料夹在两个膨松柔软的蛋糕片中间，豌豆黄的绵软香甜和蛋糕的膨松柔软相得益彰。

一、原料

1. **皮坯原料**：鸡蛋 390 克，白糖 120 克，塔塔粉 5 克，盐 3 克，牛奶 75 克，低筋面粉 70 克，玉米淀粉 60 克，奶粉 5 克，蜂蜜 10 克。
2. **馅心原料**：豌豆黄 100 克。
3. **装饰原料**：翻糖做成的小花 10 片，银珠糖 10 粒。

二、工艺流程

1. 将鸡蛋分为蛋清、蛋黄两部分。
2. 将蛋黄搅拌均匀，先加入牛奶搅拌均匀，然后加入蜂蜜搅拌均匀，再加入粉料（低筋面粉、玉米淀粉、奶粉）搅拌均匀，备用。
3. 将蛋清、白糖、塔塔粉和盐一起用打蛋器快速搅打至鸡尾状。
4. 采用 1/3 抄拌法将蛋清部分与蛋黄部分抄拌均匀成面糊。
5. 烤盘均匀抹上一层黄油。
6. 将调制好的面糊装入裱花袋，在烤盘上挤成大小一致的圆形面糊。
7. 将烤盘放入烤箱以上火 190℃、下火 210℃烤制 12 分钟。
8. 出炉后翻面晾凉，两片蛋糕中间夹豌豆黄，上面用翻糖做成的小花和银珠糖点缀即可。

三、成品标准

表皮香软可口，馅心香滑甜美。

四、制作关键

1. 蛋清搅打至鸡尾状的识别。
2. 烤盘在挤形前需抹上薄薄一层黄油。
3. 烤制时制品表面呈乳白色，底部是金黄色。
4. 装饰时两片蛋糕的边缘用手掌压紧。

五、创新亮点

以豌豆黄作为馅料夹在两个膨松柔软的蛋糕片中间，豌豆黄的绵软香甜和蛋糕的膨松柔软相得益彰。

六、营养价值与食用功效

豌豆味甘、性平，归脾、胃经，具有益中气、止泻痢、调营卫、利小便、消痈肿、解乳石毒之功效，对脚气、痈肿、乳汁不通、脾胃不适、呃逆呕吐、心腹胀痛、口渴泻痢等病症有一定的食疗作用，代替主食食用还有减肥的作用。

七、温馨小贴士

烤盘在挤形前也可刷上一层薄薄的色拉油。

红豆慕斯蛋糕

受巧克力慕斯制作工艺的启发，以中点中的传统食材红豆沙替代巧克力作为主料，创制出一款中西结合的慕斯甜品。红豆沙虽然普普通通，但与动物奶油结合后制成了慕斯，从此变得高端上档次。

一、原料

1. **皮坯原料**：蛋黄 3 个，牛奶 150 毫升，鱼胶片 4 片，水 300 毫升（浸泡鱼胶片用），红豆沙 200 克，蛋清 2 个，细砂糖 30 克，动物奶油 300 克。
2. **辅助原料**：海绵蛋糕 1 片（35 厘米 × 35 厘米 × 1 厘米），打发动物奶油 50 克。
3. **装饰原料**：薄荷叶 10 片，蜜红豆 20 克。

二、工艺流程

1. 将鱼胶片用冷水泡软，取出并沥干水分；海绵蛋糕片垫于方形慕斯圈（35 厘米 × 35 厘米）底部。
2. 将牛奶煮开，加入泡好的鱼胶片，搅拌至鱼胶片完全溶化，加入红豆沙，搅拌均匀。
3. 蛋黄隔温水用蛋抽搅打至发白起泡，再与牛奶鱼胶液混合均匀。
4. 将蛋清与细砂糖搅打至充分发泡，拌入蛋黄糊中。
5. 将动物奶油搅打至六成发，与蛋黄蛋清糊拌匀，立即倒入慕斯圈，轻微晃动以使表面平整。
6. 送入冰箱冷藏，待其完全凝结后取出（至少 2 小时）。
7. 用圆形（或其他形状）卡模刻成小巧的慕斯蛋糕，摆盘。
8. 每只慕斯蛋糕上裱奶油花，撒蜜红豆，插薄荷叶点缀。

三、成品标准

呈浅豆沙色，外形端正，甜而不腻，质地细滑。

四、制作关键

1. 鱼胶片应先用冷水泡软，沥干待用。
2. 打发蛋清时，应先将蛋清搅打至出现鱼眼泡时再开始加糖，并分三次加入。
3. 掌握好奶油的打发程度，确保慕斯馅倒入模具后能晃动平整。

五、创新亮点

受巧克力慕斯制作工艺的启发，以中点中的传统食材红豆沙替代巧克力作为主料，创制出一款中西结合的慕斯甜品。红豆沙虽然普普通通，但与动物奶油结合后制成了慕斯，从此变得高端上档次。

六、营养价值与食用功效

红豆沙除富含碳水化合物、脂肪、蛋白质、维生素外，还富含铁质，是补血佳品；含有较多的皂角甙，可刺激肠道，有良好的利尿作用，能解酒、解毒，对心脏病和肾病、水肿有益；有较多的膳食纤维，具有良好的润肠通便、降血压、降血脂、调节血糖、解毒抗癌、预防结石、健美减肥的作用。

七、温馨小贴士

1. 可在慕斯馅中加入少量的蜜红豆，以增加口感上的变化及层次感。
2. 如果在慕斯馅中滴入少许高粱酒，则风味更佳。
3. 最后成型时，也可刻成小巧的心形、三角形、正方形等形状。

椰香血糯布丁

冷凝型布丁是流行的西式甜品，通过将传统中式材料血糯米与东南亚特色饮品椰浆、西式甜品主要材料动物奶油相结合，融合出一款风味独特的冷凝型甜品。

一、原料

1. **皮坯原料**：血糯米 150 克，水 350 克，鱼胶片 3 片（15 克）。
2. **调味原料**：白糖 20 克，椰浆 150 克，动物奶油 60 克，炼乳 15 克。

二、工艺流程

1. 将血糯米浸泡 1 小时，鱼胶片泡软。
2. 将血糯米与水一起煮至浓稠状，加入泡软的鱼胶片，搅拌至鱼胶片完全融化。
3. 加入白糖、椰浆、动物奶油、炼乳拌匀。
4. 装入玻璃杯中，入冰箱冷凝（不少于 2 小时）。
5. 上桌前，视需要进行装饰点缀。

三、成品标准

呈浅紫色，椰香味甜，质地滑糯。

四、制作关键

1. 血糯米要充分浸泡，煮至熟透。
2. 血糯米煮好后应立即加入鱼胶片，以确保鱼胶片能完全融化。
3. 冷凝时间要充分，以保证冷透凝结。

五、创新亮点

冷凝型布丁是流行的西式甜品，通过将传统中式材料血糯米与东南亚特色饮品椰浆、西式甜品主要材料动物奶油相结合，融合出一款风味独特的冷凝型甜品。

六、营养价值与食用功效

血糯米属稻米类植物，是带有紫红色的种皮的大米，因为米质有糯性，故称之为血糯米。血糯米的营养价值很高，除含蛋白质、脂肪、碳水化合物外，还含丰富的钙、磷、铁、维生素 B1、B2 等，有补血、养气、养肝、养颜、泽肤功效，长吃可健身，也可泡酒，适用于营养不良、面色苍白、皮肤干燥及身体瘦弱者食用。

七、温馨小贴士

此布丁可原盅装载直接上桌食用；也可翻扣脱模，装盘点缀后上桌；加入西米则可丰富口感，增加变化。

荸荠糯心面包

为了迎合中国人喜欢甜软有馅心的面包的需求，在采用甜面包面团的同时，选用了中点常用的糯米粉调制馅心，使成品既有香甜柔软的外皮，又有Q弹的馅心，既满足对口感和口味的需求，又具有内外层次的更迭和变化。

一、原料

1. **皮坯原料**：高筋面粉 800 克，低筋面粉 200 克，盐 10 克，白糖 200 克，奶粉 40 克，速溶酵母 10 克，鸡蛋 2 个，水 450 克，黄油 100 克。

2. **馅心原料**：水 150 克，白糖 150 克，水磨糯米粉 150 克，去皮荸荠（切丁）150 克，糖桂花少许。

二、工艺流程

1. 将所有皮坯料一起搅拌上劲，至面筋充分扩展，送入醒发箱（温度 32℃，湿度 75%）进行基本发酵。
2. 将白糖与水煮开，冲入糯米粉中，边冲边搅拌均匀，上笼蒸至成熟，倒入荸荠丁、糖桂花拌匀，冷却后分成小块，10 克一个。
3. 待面包面团发至 2 倍大时取出，分割成 30 克一个的小面团，滚圆，醒发 20 分钟。然后将小面团捏扁，包入荸荠糯米馅，放入烤盘，每个小面团之间保持足够的空距。送入醒发箱，进行最后醒发。
4. 待面团发至 2 倍大时，表面刷上蛋液，入烤箱烤黄烤熟（上火 200℃，下火 180℃，12 分钟）。

三、成品标准

色泽焦黄，形状端正，外皮松软，馅心 Q 弹。

四、制作关键

1. 面包面团要搅打至面筋充分扩展但不过度。
2. 发酵环境温度、湿度适宜，发酵程度掌握恰当，避免发酵不足或过度。
3. 调制糯米馅时要搅拌均匀、蒸熟、蒸透。
4. 荸荠丁、糖桂花应趁糯米馅热烫时加入并及时拌匀。
5. 包馅后排入烤盘时，收口一定要朝下放置。

五、创新亮点

为了迎合中国人喜欢甜软有馅心的面包的需求，在采用甜面包面团的同时，选用了中点常用的糯米粉调制馅心，使成品既有香甜柔软的外皮，又有 Q 弹的馅心，既满足对口感和口味的需求，又具有内外层次的更迭和变化。

六、营养价值与食用功效

荸荠的营养价值较高，除含有丰富的水分、21.8％的淀粉、1.5％的蛋白质外，还含有较多的钙、磷、铁、胡萝卜素、维生素 B1、维生素 B2、维生素 C 等物质，其所含营养成分不亚于名贵水果。另外，荸荠中还含有不耐热的抗菌成分——荸荠英，对金黄色葡萄球菌、大肠杆菌及绿脓杆菌等均有一定的抑制作用，同时对降低血压也有一定效果。除此之外，荸荠具有补中益气、健脾养胃、止虚汗之功效，易于消化、吸收，对食欲不佳、腹胀腹泻有一定缓解作用。

七、温馨小贴士

1. 馅心也可直接使用传统中式点心马蹄糕，还可用蜜红豆替代荸荠。
2. 烘烤前在每个面团表面可以挤上抹茶皮，效果更佳。抹茶皮用黄油、糖粉、鸡蛋、面粉、抹茶粉混合制成。

豆浆乳酪布丁

豆浆是中国传统保健饮品，奶油芝士是西方传统甜品原材料，二者的营养价值都较高。中国的豆制品和西方的乳制品，二者联姻，共谱一款中西融合之风的冷冻甜品，别具风味。

一、原料

1. **皮坯原料**：奶油芝士 200 克，豆浆 480 毫升，动物奶油 180 毫升。
2. **辅助原料**：鱼胶片 3 片，白糖 80 克，蛋黄 4 个，香兰豆荚 1/2 支。
3. **装饰原料**：枫树糖浆适量。

二、工艺流程

1. 将奶油芝士放在常温下回软，鱼胶片用冷水泡软、沥干，香兰豆荚剖开取籽。
2. 将豆浆和动物奶油煮开，加入香兰豆荚和泡软的鱼胶片，搅拌均匀。
3. 蛋黄与细砂糖打发，将豆浆奶油液冲入并搅拌均匀。
4. 将回软的奶油芝士搅拌至稠滑、无颗粒状态。将豆浆蛋奶液冲入，搅拌均匀，过筛。
5. 装入布丁杯中，八成满，入冰箱冷凝（不少于 2 小时）。
6. 食用前，表面浇上枫树糖浆，稍加点缀，原杯上桌。

三、成品标准

布丁乳白、糖浆金黄，呈凝乳状，口感滑润，乳香味醇。

四、制作关键

1. 奶油芝士从冰箱中取出，置于室温下回温至软，便于搅拌均匀。
2. 鱼胶片应事先用冷水泡软，趁热加入豆浆中溶化。
3. 蛋黄应搅打至发白，呈浓稠状。
4. 趁豆浆与奶油的混合液体温热时冲入打发的蛋黄，但温度不要超过 60℃。
5. 所有材料混合后应过筛，除去颗粒，以确保成品口感细滑。

五、创新亮点

豆浆是中国传统保健饮品，奶油芝士是西方传统甜品原材料，二者的营养价值都较高。中国的豆制品和西方的乳制品，二者联姻，共谱一款中西融合之风的冷冻甜品，别具风味。

六、营养价值与食用功效

豆浆极富营养和保健价值，富含植物蛋白和钙、磷、铁、锌等几十种矿物质以及维生素 A、维生素 B 等多种维生素。豆浆的钙含量比其他任何乳类都丰富，蛋白质含量也较高，另外豆浆中还含有大豆皂甙、异黄酮、卵磷脂等有防癌健脑意义的特殊保健元素。奶油芝士被称为"奶黄金"，含有丰富的动物蛋白、钙、脂肪、磷和维生素等营养成分，是纯天然的食品。二者结合，可以发挥动、植物蛋白质的互补作用，钙、磷等矿物质更加丰富。因此，这款甜品不仅营养价值高，更是补钙佳品，老少皆宜。

七、温馨小贴士

也可用 100 克豆腐替代等量的奶油芝士，这样，此甜品更具中国风味。

豆腐提拉米苏

提拉米苏是意大利传统而经典的甜品，流行于世界各地，其主要原料马斯卡彭尼芝士被称为"意大利豆腐"，因此，联想到中国家喻户晓的传统食材—豆腐，用质地嫩滑的豆腐替代部分马斯卡彭尼芝士，创制出一款具中国风的提拉米苏，意中风味兼具。

一、原料

1. **皮坯原料**：马斯卡彭尼芝士 300 克，内酯豆腐 200 克。
2. **辅助原料**：蛋黄 4 个，细砂糖 130 克，柠檬汁 10 毫升，朗姆酒 10 毫升，动物奶油 250 克，蛋清 2 个，浓缩咖啡液 200 克，咖啡力娇酒 10 毫升，手指饼干若干。
3. **装饰原料**：防潮可可粉适量。

二、工艺流程

1. 将马斯卡彭尼芝士放置在室温下回软，咖啡力娇酒与浓缩咖啡液混合。芝士搅拌至软滑，与豆腐搅拌均匀。
2. 将蛋黄与 50 克细砂糖搅打至发白，呈浓稠状，倒入芝士豆腐糊中，搅拌均匀。
3. 加入柠檬汁、朗姆酒拌匀；动物奶油搅打至六成发，拌入。
4. 将蛋清与 80 克细砂糖打发，拌入，即成提拉米苏糊，装入裱花袋。
5. 将手指饼干蘸取咖啡酒混合液，放于杯底，将提拉米苏糊挤入杯中至半杯。
6. 取蘸取过咖啡酒混合液的手指饼干，平放在上。
7. 再将成提拉米苏糊继续挤入杯中，略高出杯口，用抹刀刮平。
8. 入冰箱冷藏即可。食用时，表面筛一层防潮可可粉。

三、成品标准

细腻柔软、滑润浓稠、香甜微苦，口味、口感富有层次变化。

四、制作关键

1. 马斯卡彭尼芝士从冰箱中取出后需置于室温下回软，以便于搅拌。
2. 动物奶油搅打至六成发。
3. 打发蛋清的工具应干净无水或油。
4. 装杯后入冰箱彻底冷透，最好隔夜后食用。

五、创新亮点

提拉米苏是意大利传统而经典的甜品，流行于世界各地，其主要原料马斯卡彭尼芝士被称为"意大利豆腐"，因此，联想到中国家喻户晓的传统食材——豆腐，用质地嫩滑的豆腐替代部分马斯卡彭尼芝士，创制出一款具中国风的提拉米苏，意中风味兼具。

六、营养价值与食用功效

马斯卡彭尼芝士含有丰富的蛋白质、钙和磷等人体所需的营养素，独特的发酵工艺使其营养的吸收率极高。豆腐营养价值极高，含铁、镁、钾、烟酸、铜、钙、锌、磷、叶酸、维生素 B1、蛋黄素和维生素 B6。豆腐为补益清热的养生食品，常食可补中益气、清热润燥、生津止渴、清洁肠胃，适于热性体质、口臭口渴、肠胃不清、热病后调养者食用。豆腐中所特有的植物雌激素、甾固醇、豆甾醇等，对防治骨质疏松症、抑制乳腺癌和前列腺癌等均有特殊功效。这款甜品不仅营养价值高，更是补钙佳品，特别适合于老人和儿童，也应是年轻男女青睐的时尚甜品。

七、温馨小贴士

1. 马斯卡彭尼芝士是奶油芝士的一个特殊品种，而奶油芝士的使用已很普及，因此可用普通的奶油芝士替代马斯卡彭尼芝士来完成此款创新甜品的制作。
2. 也可用慕斯圈定型，做成蛋糕状，但需加入适量的鱼胶以保持形状。冷凝后改刀，装盘点缀。

紫薯泡芙

紫薯是百姓日常生活中的健康食品，与法式传统点心泡芙相结合，做壳和馅，成为紫薯泡芙，丰富了泡芙的风味，提高了泡芙的营养价值；同时，紫薯作为杂粮，借助泡芙登入大雅之堂，推广性较强。

一、原料

1. **皮坯原料**：泡芙壳：牛奶250克，水250克，黄油210克，盐5克，低筋面粉120克，高筋面粉120克，紫薯粉20克，鸡蛋450克。

菠萝皮：黄油190克，糖粉125克，鸡蛋25克，低筋面粉300克，水20克。

2. **馅心原料**：牛奶250克，白糖50克，蛋黄40克，低筋面粉8克，紫薯粉20克。

二、工艺流程

1. 调制菠萝皮：将黄油、糖粉搅打至发白，加入鸡蛋后搅拌均匀，再加入过筛的面粉拌匀，最后加水拌匀，搓成圆柱形，用烘焙纸包卷后入冰箱冻硬，切薄片待用。

2. 调制紫薯馅：将蛋黄、白糖搅打至发白起泡，加入过筛的面粉和紫薯粉搅匀，然后将牛奶煮开后冲入并迅速搅动，上火煮开至浓稠状，冷却待用。

3. 调制泡芙壳：将牛奶、水、黄油、盐混匀后煮开，将过筛的面粉和紫薯粉倒入，迅速搅拌、烫透，然后自然降温；待面糊温热不烫手时逐个加入鸡蛋，边加边搅匀，至鸡蛋加完；装入装有裱花嘴的裱花袋，挤入烤盘中成泡芙壳生坯，每个泡芙壳的顶部放一片菠萝皮切片；送入预热200℃的烤箱，烤黄烤熟；出炉，冷却待用。

4. 组合：将紫薯馅装入带齿口的裱花袋中，用饼刀将泡芙斜剖开，将紫薯馅挤入泡芙，斜靠盖上盖即可。

三、成品标准

形圆端正、饱满，色焦黄，皮酥脆，心糯滑，甜香可口。

四、制作关键

1. 泡芙面糊厚薄掌握恰当，以免影响形状。为了准确掌握面糊的厚薄，可以用橡胶刮刀挑起少量面糊来观其状态，以面糊缓慢下滑为准。

2. 裱挤成型时，裱花袋应垂直于烤盘；若用圆口花嘴，花嘴要处于下落于烤盘的面糊的中心位置，这样才能保持形正，不歪斜。

3. 菠萝皮切片要薄。

4. 烘烤至熟透，避免出炉后往下塌。

5. 内馅挤入饱满，使造型挺立。

五、创新亮点

紫薯是百姓日常生活中的健康食品，与法式传统点心泡芙相结合，做壳和馅，成为紫薯泡芙，丰富了泡芙的风味，提高了泡芙的营养价值；同时，紫薯作为杂粮，借助泡芙登入大雅之堂，推广性较强。

六、营养价值与食用功效

紫薯富含蛋白质、淀粉、果胶、纤维素、氨基酸、维生素及多种矿物质，营养丰富，具特殊的保健功能，紫薯中的蛋白质、氨基酸都是极易被人体消化和吸收的，维生素A可以改善视力和皮肤的粘膜上皮细胞，维生素C可防治坏血病的发生。紫薯除具有普通红薯的营养成分外，还富含硒元素和花青素等营养成分，具有较好的防癌抗癌功效，其中花青素是天然的强效自由基清除剂，其清除自由基的能力是维生素C的20倍、维生素E的50倍。

七、温馨小贴士

1. 紫薯馅内滴入少许朗姆酒，则风味更佳。

2. 可在内馅中添加少量熟紫薯丁，增加口感的变化和层次。

3. 出炉后也可筛少量糖粉在表面，观感更美。

焗蜜豆薏米面包布丁

红豆、薏米是我国常用杂粮，营养丰富，是祛湿健脾佳品。在传统法式点心——面包布丁里加入红豆、薏米，不仅使此布丁能当饭吃，还丰富了其风味，提升了其保健功效。

一、原料

1. **皮坯原料**：白吐司面包片 250 克。
2. **调味原料**：鸡蛋 250 克，牛奶 625 毫升，白糖 120 克，盐 1 克，豆蔻粉少许。
3. **辅助原料**：融化黄油 50 克，蜜红豆 50 克，熟薏米 50 克。

二、工艺流程

1. 焗盅内涂抹少量黄油，备用。
2. 将面包片切成大丁，分装在焗盅内，淋入融化黄油，分别撒入蜜红豆、熟薏米。
3. 将鸡蛋、白糖、盐搅匀，加入牛奶，搅拌均匀。
4. 将蛋奶液浇淋到面包丁上，入冰箱冷藏 1 小时以上。
5. 取出，撒豆蔻粉。
6. 采用水浴法，在 170℃ 的烤箱中烘烤约 1 小时即可。

三、成品标准

色泽金黄，乳香味浓，口感嫩滑。

四、制作关键

1. 浇淋蛋奶液后，入冰箱需冷藏足够时间，使面包丁充分吸收蛋奶液。
2. 采用水浴法烘烤，使成品口感嫩滑。

五、创新亮点

红豆、薏米是我国常用杂粮，营养丰富，是祛湿健脾佳品。在传统法式点心——面包布丁里加入红豆、薏米，不仅使此布丁能当饭吃，还丰富了其风味，提升了其保健功效。

六、营养价值与食用功效

红豆属高蛋白、低脂肪的高营养型食品，而且含有蛋白质、糖类、脂肪、膳食纤维、维生素 B 群、维生素 E、钾、钙、铁、磷、锌等营养元素。红豆有丰富的铁质，可以使人气色红润，还可以补血、促进血液循环、强化体力、增强抵抗力；红豆中所富含的维生素 B1、B2、蛋白质及多种矿物质，有补血、利尿、消肿、促进心肌健康等功效；除此之外，其中富含的膳食纤维有助排出体内盐分、脂肪等废物，具有一定的减肥功效。薏米味甘淡、微甜，富含碳水化合物、蛋白质、脂肪，脂肪以不饱和脂肪酸为主，并有特殊的薏仁酯，有健脾、利尿、清热、镇咳之效。

七、温馨小贴士

如制作风味更浓郁的布丁，可用动物奶油代替一半数量的牛奶，也可在蛋奶液中加少许白兰地酒。

香芒豆奶啫喱卷

豆奶与鱼胶片做成有中西融合风味的豆奶啫喱，皮与馅内再加入芒果肉，使整款甜品融入了东南亚风味。此款甜品老幼皆宜，特别受时尚女性之青睐。

一、原料

1. **皮坯原料**：豆奶 1100 克，白糖 250 克，鱼胶片 100 克，动物奶油 200 克，芒果蓉 100 克。
2. **馅心原料**：芒果肉 500 克，动物奶油 500 克，糖粉 150 克。

二、工艺流程

1. 将鱼胶片用冷水泡软，沥干待用；芒果肉切成条；500 克动物奶油打发打硬，与糖粉混合均匀，装入一次性裱花袋，用剪刀剪口（直径约 1 厘米）。
2. 将豆奶与白糖一起煮沸，加入泡软的鱼胶片，搅拌均匀。
3. 加入 200 克动物奶油搅拌均匀，冷却至室温。
4. 加入芒果蓉搅拌均匀，然后过筛。
5. 将上述溶液舀入 40 厘米 ×30 厘米的不锈钢托盘中，稍转动托盘，让其流平，待薄薄的一层覆盖住托盘底即可。
6. 入冰箱冷藏，待其凝结，用刀横划两刀，分成三等份，成 13 厘米 ×30 厘米的啫喱片。
7. 顺长沿每片边线从头到尾挤一条奶油，上嵌芒果条，然后卷起成圆柱状，送入冰箱冷藏。
8. 食用前，取出切段后装盘即可。

三、成品标准

色泽淡黄光亮，形状整齐饱满，芒果及乳香味浓，口感 Q 弹爽滑。

四、制作关键

1. 鱼胶片应先泡软，然后加入滚热的豆奶中迅速搅拌至融化。
2. 调制混合液时一定要过筛，确保无颗粒。
3. 动物奶油应打发充分，才能保证成品挺立。
4. 啫喱皮不能太厚，不能有气泡。
5. 改刀时使用的刀具要作烫刀处理，如此刀口切面才更整齐光滑。

五、创新亮点

豆奶与鱼胶片做成有中西融合风味的豆奶啫喱，皮与馅内再加入芒果肉，使整款甜品融入了东南亚风味。此款甜品老幼皆宜，特别受时尚女性之青睐。

六、营养价值与食用功效

豆浆为中国传统保健饮品，牛奶为西方日常营养饮品，豆奶兼具二者的营养保健功效，富含蛋白质和钙质等营养成分。芒果营养价值较高，其中的维生素A、维生素C含量很高，所含糖类、蛋白质及钙、磷、铁等营养成分均为人体所必需；由于其胡萝卜素含量较高，有益于视力，且能润泽皮肤，故是女士们的美容佳果；除此之外，芒果中所含的芒果酮酸等化合物还具有抗癌的保健功效。

七、温馨小贴士

1. 豆奶可以用豆浆、牛奶各半混合而成。
2. 用木瓜、榴莲等热带水果替代芒果，可以改变此甜品的风味。

香芋布朗尼蛋糕

布朗尼是流行于北美的一款蛋糕，传统做法中，粉类原料仅选用低筋面粉；香芋色、香、味俱佳，是中式菜点中常用的原料。用香芋粉替代部分低筋面粉，使布朗尼在色、香、味等方面产生变化，从而别具特色。

一、原料

1. **皮坯原料**：香芋粉 125 克，低筋面粉 125 克。
2. **辅助原料**：黑巧克力 250 克，黄油 350 克，白糖 400 克，鸡蛋 5 个，核桃仁 200 克，朗姆酒 10 毫升。

二、工艺流程

1. 核桃仁入烤箱烤熟，冷却后切成碎粒；将香芋粉和低筋面粉混匀过筛；黑巧克力、黄油分别融化，然后混合均匀。
2. 鸡蛋搅打至稍发白起泡，加入巧克力黄油液中，搅拌均匀。
3. 筛入低筋面粉和香芋粉，搅拌均匀。
4. 加入 2/3 的核桃粒和朗姆酒，拌匀。将蛋糕面糊装入裱花袋，挤入铝箔耐烤杯，约 2 厘米厚，将剩余 1/3 的核桃粒撒于表面。
5. 送入 170℃的烤箱烘烤 30 分钟，出炉。

三、成品标准

色泽棕黑，表面光亮，浓香味醇，质地介于蛋糕与饼干之间，既有乳脂软糖的甜腻，又有蛋糕的松软、柔滑、细腻而湿润。

四、制作关键

1. 如单独融化黑巧克力，要注意控制温度，不可超过 50℃。
2. 鸡蛋与糖一起搅打时不可过度，仅需搅打至稍稍发白起泡。
3. 蛋液与面粉最好分次加入，每次拌匀后再加下次的。
4. 加入香芋粉和面粉后，为避免留有粉状颗粒，最好使用蛋抽搅匀。
5. 烘烤火候相当重要，布朗尼蛋糕是不能完全烤熟透的。

五、创新亮点

布朗尼是流行于北美的一款蛋糕，传统做法中，粉类原来仅选用低筋面粉；香芋色、香、味俱佳，是中式菜点中常用的原料。用香芋粉替代部分低筋面粉，使布朗尼在色、香、味等方面产生变化，从而别具特色。

六、营养价值与食用功效

香芋营养丰富，色、香、味俱佳，曾被人誉为"蔬菜之王"，富含蛋白质、钙、磷、铁、钾、镁、钠、胡萝卜素、烟酸、维生素 C、B 族维生素、皂角甙等多种营养成分。黑巧克力中含有丰富的咖啡因，可以提高人体的代谢率，而且所含有的类黄酮物质还可以提高人体的免疫力，二者均有增强人体免疫功能之功效。核桃仁中含有人体必需的钙、磷、铁等多种微量元素和矿物质以及胡萝卜素、核黄素等多种营养元素。核桃仁中所含脂肪的主要成分是亚油酸甘油酯和 DHA 等不饱和脂肪酸，这些油脂能够调节人体血脂代谢，还可供给大脑基质的需要，具有一定的健脑益智效果。

七、温馨小贴士

1. 最好选用可可脂巧克力，成品的风味和口感更佳，表面产生诱人光泽。
2. 可以用紫薯粉替代香芋粉，做成紫薯布朗尼。
3. 冷藏后食用，口感更佳。
4. 可选用活底方形蛋糕模定型，烤制好后出炉冷透，入冰箱冷藏 4 小时以上，改刀后装盘。